KB210866

STATA
16

개정판

STATA
친해지기

정성호

법문사

머리말

    이번 새로운 개정판은 2019년 출시된 Stata 16 버전의 변화를 반영하였다.

    새로운 Stata16 버전의 특징은 모든 메뉴를 한글로 작업할 수 있을 뿐만 아니라 머신러닝등 명령어와 다양한 인터페이스와 리포팅 기능이 강화되었다.

    본 개정판은 독자들이 더 쉽고 친숙하게 이해할 수 있도록 내용을 추가하여 Stata를 쉽게 활용할 수 있도록 하였다. 아무쪼록 저자는 논문을 준비하는 대학원생, 보고서를 작성하는 연구원 등이 Stata를 활용한 실증연구에 보탬이 되었으면 한다.

2020년 6월
저자

차 례 contents

들어가며 ··· 1

어떤 책인가? / 3

누구를 위한 책인가? / 4

어떤 내용을 다루나? / 4

어떻게 활용하나? / 5

제1장 통계학 들어가기 ·· 7

1.1 통계학적 지식의 활용 / 9

1.2 실증(계량)분석에 활용되는 자료 / 11

1.3 실증분석 데이터 수집방법 / 15

제2장 **Stata 시작, 데이터관리** ·· 17

2.1 Stata 소개/Stata16의 특징 / 19

2.2 Stata에서 가능한 통계기법 / 20

2.3 Stata 시작하기 / 21

  2.3.1 업데이트, 로그파일 / 24

  2.3.2 데이터 파일관리 / 26

  2.3.3 데이터 관리에 유용한 명령어 / 36

2.4 데이터 형식전환 / 51

2.5 데이터관리(자료만지기) / 66

2.6 예제데이터 활용 / 73

제3장 **기초통계와 상관관계분석** ··· 79

3.1 통계분석의 기초 / 81

  3.1.1 기술통계 / 81

3.2 상관관계분석 / 91

3.3 편상관계수분석: pcorr / 95

3.4 스피어만 & 켄달타우 상관계수분석 / 96

3.5 그래프 그리기 / 97

  3.5.1 고급그래프 그리기 / 105

  3.5.2 그래프 에디터(Graph Editor) / 109

차 례 | contents

제4장 **신뢰도분석** ·· 113

4.1 크론바하 알파계수 / 115

제5장 **회귀분석** ·· 119

5.1 단순선형회귀분석 / 124

5.2 다중선형회귀분석 / 131

5.3 비선형회귀분석(2차모형) / 135

5.4 더미변수를 활용한 회귀분석 / 144

5.5 로지스틱 회귀분석 / 145

5.6 다중공선성 및 이분산성 검증 / 153

5.6.1 다중공선성(multi-collinearity) / 153

5.6.2 이분산성 / 154

5.7 내생성 통제 및 도구변수 추정 / 157

5.7.1 내생성 / 157

5.7.2 내생성의 근원 / 160

5.7.3 상관관계(correlation)와 인과관계(causation) / 165

5.7.4 인과관계(causation, causality) 찾기 / 166

5.7.5 도구변수 추정 / 166

제6장 **카이제곱검정** ⋯⋯⋯⋯⋯⋯⋯⋯⋯⋯⋯⋯⋯⋯⋯⋯⋯⋯ 175

6.1 카이제곱검정을 위한 가정 / 177
6.2 카이제곱검정 / 181

제7장 **T-검정** ⋯⋯⋯⋯⋯⋯⋯⋯⋯⋯⋯⋯⋯⋯⋯⋯⋯⋯⋯⋯⋯⋯ 187

7.1 가설검정방법 및 옵션 / 189
7.2 t-검정 / 191

제8장 **ANOVA분산분석** ⋯⋯⋯⋯⋯⋯⋯⋯⋯⋯⋯⋯⋯⋯⋯⋯⋯ 199

8.1 일원분산분석 / 204
8.2 repeated measure ANOVA / 207
8.3 다원분산분석 / 209
8.4 사후검정(다중비교) / 212

참고문헌 ⋯⋯⋯⋯⋯⋯⋯⋯⋯⋯⋯⋯⋯⋯⋯⋯⋯⋯⋯⋯⋯⋯⋯⋯⋯ 214

차 례 contents

부 록⋯⋯⋯⋯⋯⋯⋯⋯⋯⋯⋯⋯⋯⋯⋯⋯⋯⋯⋯⋯⋯⋯⋯⋯⋯⋯⋯⋯⋯⋯⋯ 215

    [부록 1] do-file 자동완성/여러 개 데이터 한꺼번에 사용하기(frame) / 217

    [부록 2] 지도그리기 / 219

    [부록 3] Symbols / 225

    [부록 4] 분포표에 대한 개괄 설명 / 226

        1. ztable, ztail .05 2 활용(95%수준, 2tail 기준) / 227

        2. ttable / 228

        3. tdemo 4 (df 4 기준) / 229

        4. chitable / 230

        5. chidemo 8 (df 8기준) / 231

        6. ftable (alpha = 0.05기준) / 232

        7. fdemo 4 32 (df1 (분자) 4, df2 (분모) 32 기준) / 233

  ■ 명령어 색인⋯⋯⋯⋯⋯⋯⋯⋯⋯⋯⋯⋯⋯⋯⋯⋯⋯⋯⋯⋯⋯⋯⋯⋯⋯⋯⋯ 234

  ■ 사항 색인⋯⋯⋯⋯⋯⋯⋯⋯⋯⋯⋯⋯⋯⋯⋯⋯⋯⋯⋯⋯⋯⋯⋯⋯⋯⋯⋯⋯ 236

들어가며

어떤 책인가?
누구를 위한 책인가?
어떤 내용을 다루나?
어떻게 활용하나?

어떤 책인가?

통계프로그램은 사회과학의 광범위한 영역에서 보편적으로 활용된다. 왜냐하면, 다양한 사회현상을 설명하기 위해 통계프로그램을 활용한 인과관계 등을 검증할 필요성이 증대되었기 때문이다. 실제 통계분석과정은 기초 통계는 물론 다양한 분석기법을 응용한 고급통계까지 수행한다.

우선, 통계학의 기본적인 원리의 이해가 필요하다. 통계분석기법을 정확히 이해하지 못하고 분석하면 엉뚱한 분석결과가 도출된다. 다양한 응용에 앞서 하나의 통계기법을 정확히 이해하는 것이 무엇보다 중요하고 필수적인 과정이다.

최근 들어 통계프로그램은 학술분야는 물론 실무분야에서도 보편적으로 활용된다. 그러나 막상 공부를 시작하려 하면 적당한 교재를 찾기가 어렵고, 혹자는 교재를 선택했다 하더라도 종종 책을 덮는 경우가 많다. 왜냐하면 독자중심에서 내용을 전개하지 않기 때문이다. 이러한 현상들은 기존교재들의 내용상 문제는 아닌 듯하다. 다만 논의의 전개과정에서 독자들이 쉽게 이해할 수 있도록 하는 방법상의 한계에서 기인된다고 할 수 있다. 예컨대 지나치게 원론 위주의 내용으로 수학적 배경지식이 부족한 사회과학을 전공하는 학생들이 이를 이해하는 데 한계가 있다. 그로 인해 이내 쉽게 포기하게 된다.

이 책은 사회과학영역에서 활용되는 기초 통계기법들(주로 OLS)을 소개한다. 궁극적으로는 연구자나 실무자들이 Stata를 쉽게 활용할 수 있도록 도와주는 입문서라고 보면 된다. 그렇다고 지나치게 단순화하여 결과만 해석하는 오류를 범해서는 안 되기 때문에 기본 개념과 원리를 설명한다(쉬어가기 등 참고). 특히, 연구자가 필요한 통계에 적용이 가능한 가정(assumption)들을 논의하면서 실제 응용하는 방법 등을 소개한다. 예를 들면 다중공선성, 이분산, 내생성 등이 발생하는 경우 이를 어떻게 해결하는지를 논의한다.

실제분석에 활용된 모든 실습파일은 Stata에 탑재된 예제파일(example datasets)이다. 이는, 독자들이 손쉽게 Stata에 탑재된 예제파일을 이용하여 분석할 수 있는 기회를 제공하기 위해서다(2.6 참고). 개념을 이해하고 실습을 병행하는 것은 독자들로 하여금 이해의 폭을 넓힐 수 있으며, 학문의 체계화에 기여할 수 있다.

누구를 위한 책인가?

　　이 책은 원론적인 통계학 입문서가 아니라 Stata를 활용하여 사회과학분야의 통계분석을 정확히 이해하고자 하는 독자들을 위해 쓴 책이다. 사실상 지면의 제한으로 방대한 통계분석을 모두 다루지는 못했지만 필수적인 통계분석은 다루고 있다. 따라서, 기본적인 통계분석의 메커니즘을 이해하면서 실제 연구에 적용할 수 있을 것이다.

　　이 책은 실증분석 논문을 정확히 읽고 이해하기를 원하는 독자들 모두에게 유용한 길잡이가 될 것이다. 또한 학부과정생과 석사과정생은 물론 실무에서 통계분석이 필요한 모든 독자들이 활용하기에 적합하다. 이 책은 학부과정생과 석사과정생이 중·고등학교 수준의 수학지식이 있으면 충분히 소화가 가능하며, 통계분석을 수행하고자 할 때 유용하게 활용될 것이다.

어떤 내용을 다루나?

　　이 책은 총 8장으로 구성되어 있다. 먼저 1장은 통계학 들어가기로, 통계학을 배우는 이유, 통계분석에 활용되는 자료, 실증분석자료 수집 방법에 관해 소개한다. 2장은 Stata 시작, 데이터관리에 관해, 3장은 기초통계와 상관관계분석에 관해, 4장은 신뢰도분석에 대해 논의한다. 5장은 회귀분석의 기본원리와 가정들(SLR, MLR)을 이해하고 단순선형회귀분석, 다중선형회귀분석은 물론 비선형모형 추정 방법을 소개한다. 또한 로지스틱회귀분석, 다중공선성과 이분산성 검증, 도구변수추정법을 다룬다. 6장에서는 카이제곱검정을, 7장은 T-검정을, 8장에서는 분산분석(ANOVA)을 활용해 집단 간 차이를 분석하는 방법을 설명한다. 이해를 돕기 위해 실증분석과 관련된 간략한 do-파일은 각 장 말미에 제시한다.

어떻게 활용하나?

이 책의 전반부(1–4장)는 데이터 관리방법에 관해, 후반부(5–8장)는 OLS데이터를 활용한 통계분석방법에 관해 설명하고 있다. 즉, OLS기법을 활용하여 연구를 진행하는 독자들을 위한 입문서이라고 이해하면 된다.

앞서 언급하였지만 이론과 실습의 병행은 그야말로 자신만의 철옹성을 구축할 수 있는 계기가 되는 만큼 꾸준한 공부가 필수적이다. 이론을 통해 배운 내용을 자신의 연구에 접목시켜 직접 활용한다면 머지않아 Stata 통계프로그램을 응용하는 단계에 도달할 수 있다는 점을 명심해야 한다.

제 1 장

통계학 들어가기

1.1 통계학적 지식의 활용

1.2 실증(계량)분석에 활용되는 자료

1.3 실증분석 데이터 수집방법

1.1 통계학적 지식의 활용

통계학은 지식을 만들어 그 지식을 축적해 나가는 과정이라고 할 수 있다. 그래서 통계학은 간단한 수치자료를 활용하여 사회현상을 예측하고 판단할 수 있다. 우리는 무엇을 위해 통계학을 배워야 하는지 진지하게 고민할 필요가 있다. 통계학의 궁극적인 목적은 간단한 수치자료를 활용하여 사회현상을 예측(설명)하는 것이다. 이것이 바로 통계학이 존재하는 의의가 아닌가 싶다. 만약 그렇지 않다면 통계학의 존재의의는 사라지게 된다.

통계학은 기초부터 잘 이해해야 지식을 만들어 낼 수 있다. 만약 통계학의 기초를 정확히 이해하지 못한다면 지식축적은 물론 결과를 도출하기도 힘들다. 오히려 사회현상을 반대로 예측하여 엄청난 기회비용이 들지도 모른다.

따라서 통계학의 기초부터 정확히 이해하여 지식을 만들어 내는 제반과정을 체계적으로 학습할 필요가 있다. 그렇다고 통계학 전체를 배우라는 의미는 아니다. 우리가 필요한 것은 통계의 기초적 논리 추론과정과 결과 해석을 할 수 있으면 된다. 그래야만 통계수치자료를 활용해 사회현상과 유사한 설명(예측)이 가능하다.

바야흐로 사회현상을 설명할 때 통계의 힘을 빌리지 않고서는 그 사회를 제대로 설명할 수 없다고 해도 과언은 아닐 것이다. 그러므로 통계학에 대한 기초적 이해의 폭을 넓힐 필요가 있다. 사회가 아무리 복잡하고 다양하다고 할지라도 사회현상에 일정한 패턴이 존재한다면 통계의 존재의의가 있다. 사회가 복잡해질수록 합리적인 판단이 더 중요해지기 때문이다. 흔히, 우리는 불완전한 정보를 근거로 선택하면서 살아가기 때문이기도 하다.

최근 들어 통계학의 활용사례는 점점 더 늘어나고 있다. 사회현상을 설명하기도 하지만 선거과정에서 요긴하게 활용된다. 예나 지금이나 선거에 활용되기는 마찬가지이다. 매번 대통령선거 과정에서는 통계수치에 근거하여 누가 당선될 것인지? 득표 차이는 얼마나 날 것인지? 다양한 수치를 통해 선거 결과를 예측하는 것을 보았을 것이다. 사회가 그만큼 복잡 다변화되어 통계자료를 빌리지 않고서는 정확한 예측이 불가능해졌다.

한편, 기업들은 마케팅조사 자료를 활용하여 기업전략을 구상한다. 마찬가지로 개인들도 중요한 의사결정을 할 경우에 통계분석자료를 활용하곤 한다. 더불어 정부는 정책결정 과정에서 통계(행정)자료를 더 많이 활용한다. 이른바 증거기반정책결정이라 한다.

이렇듯 통계학이 우리에게 미치는 긍정적 영향은 지대하다. 그렇다고 해서 통계학이 만병통치약은 아니다. 우리는 통계분석자료를 신뢰해야 하지만 신뢰해서는 안 될 경우가 종종 있다. 그중 하나는 통계학이 합목적적 수단으로 이용하는 것을 전제하고 있지만 일부 필요에 의해 통계를 진행하여 무늬만 통계라고 불릴 정도로 자료를 왜곡하는 경우가 있다. 즉, 통계자료의 왜곡은 치명적인 오류를 범하고 있는 것이다.

문제는 통계결과의 자의적이고 부적절한 해석, 연구자가 불리하다고 판단한 경우 원래 통계자료(raw data)의 수정 등은 합리성을 극히 저해하고 있는 것이다. 만약 이러한 통계분석자료가 정부 재정정책과 연관된다면 엄청난 기회비용을 지불해야 한다.

또 다른 하나는 통계학이면 무조건 다 가능할 것이라는 맹신은 정말로 문제이다. 일부의 경우이지만 실증분석 결과는 당연히 유의미해야만 한다는 고정관념에 사로잡혀 있는 것을 종종 보게 된다. 통계학이 합리성을 향상시키는 도구이기는 하지만 언제나 유의미한 분석결과가 도출될 리는 없다. 때로는 실증분석결과가 유의미하지 않고, 때로는 가설과는 정반대의 결과가 오히려 현실성 있는 대안일 수도 있다.

사회과학을 전공하는 우리들은 간단한 통계원리 정도만 알면 된다. 저자의 견해는 통계학의 기본추론 원리만 알면 된다. 즉, 통계학자가 아닌 이상 통계추론 과정 전체를 학문적으로 풀어낼 필요는 없다. 그러한 과정은 통계학자의 몫으로 남겨두면 된다. 다만 연구자는 개념에 기초하여 적합한 통계모형을 찾아 분석하기만 하면 된다.

통계학을 배워야 하는 이유는 새로운 지식사회에서 생존하기 위한 하나의 대안이다. 우리는 다양한 방법으로 지식을 축적시킬 수 있다. 우선 책을 많이 읽든지, 아니면 실제 경험과 시행착오로 지식을 습득하는 방법 등이 있겠다. 하지만 좀 더 가치 높은 지식을 축적하는 방법 가운데 통계학을 배워 이를 잘만 활용한다면 더욱 풍요로운 지식사회의 새로운 개척자가 될 수 있을 것이다.

1.2 실증(계량)분석에 활용되는 자료

실증분석에 활용되는 자료는 다양한 유형이 있다. 그 자료는 다음과 같다.

횡단면 자료(cross-sectional data)

횡단면 자료는 어느 한 시점에서 개인 또는 집단(도시, 국가)으로부터 얻은 자료를 말한다. 일반적으로는 자료수집 기간은 동일한 시간대(비교적 짧은 시간)를 의미하지만, 경우에 따라 몇주 간 자료가 수집될 수도 있다. 횡단면 자료는 통상 설문지 등의 방법을 활용하여 수집하게 된다.

횡단면 자료는 경제학 분야 등에서 장기간 데이터가 축척된 것과는 달리 거의 동일한 시간에 모집단으로부터 데이터를 수집하게 된다. 이제 모집단으로부터 100명의 노동자를 임의추출방법으로 자료를 수집하였다고 가정해보자. 변수는 임금(만원), 교육수준(년), 총근무경력(년), 결혼여부(0: 미혼, 1: 기혼) 등으로 구성되었다.

obs_no	wage	education	total-exp	married
1	250	13	4	0
2	340	11	7	1
3	300	15	4	0
4	450	15	8	1
...	...	...	...	...
99	230	13	4	0
100	540	15	6	1

쉬어 가기 모집단 vs. 표본집단

하나의 모집단은 여러 표본집단으로 구성되어 있다. 아래 그림에서
동그라미는 모집단을 나타내고, 네모는 표본집단을 나타낸다.

그림 1-1 하나의 모집단으로부터 추출된 무수히 많은 표본집단들

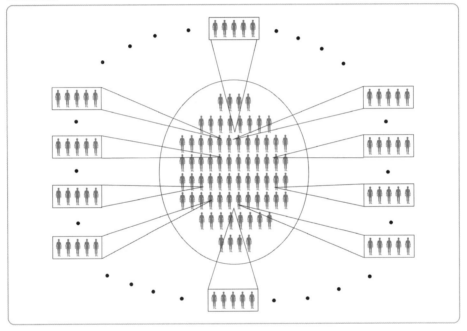

자료: 배득종 · 정성호(2013). p. 45

이제 평균과 표준편차에 대해 알아보자. 모집단과 표본집단의 평균과 표준편
차는 달리 부르고 있다. 모집단의 평균은 μ, 표준편차는 σ이다. 표본집단의 평균
은 m, 표준편차는 s이다.

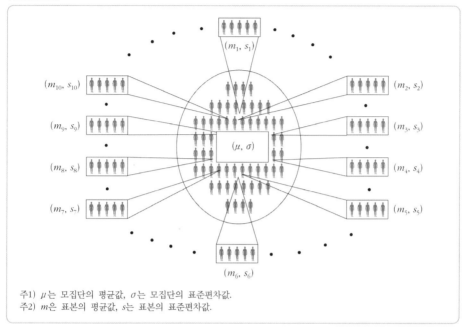

그림 1-2 표본집단들과 통계량

주1) μ는 모집단의 평균값, σ는 모집단의 표준편차값.
주2) m은 표본의 평균값, s는 표본의 표준편차값.

자료: 배득종 · 정성호(2013). p. 46

시계열자료(time series data)

시계열자료는 시간에 걸쳐 변수들을 관측하여 수집한 자료이다. 이 자료는 연단위, 분기단위, 월단위, 일단위 등으로 집계된다. 예컨대, 국가가 GDP(달러), 실업률(%), 최저임금(원) 등에 대해 1980년부터 2015년까지 자료를 수집하였다면 다음과 같다.

obs_no	year	GDP	실업률	최저임금
1	1980	15,000	10	3,000
2	1981	15,200	8	3,000
3	1982	16,500	5	3,200
4	1983	18,500	7	3,200
...	...	...	...	...
25	2014	25,000	19	5,400
26	2015	25,100	25	6,050

통합 횡단면 자료(pooled cross-sectional data)

통합 횡단면 자료는 횡단면과 시계열자료의 성질을 동시에 지니고 있다. 예 컨대, 우리나라의 경우 5년마다 인구총조사를 실시하게 되는데, 동일한 자료를 수 집하기 위해 2010년에 실시된 문항을 2015년에도 동일하게 활용한다. 변수로는 소득(백만원), 저축(백만원), 가구원수(명)에 관해 임의표본 형식으로 수집하였다고 가정하면, 그 결과는 다음과 같다.

obs_no	year	소득	저축	가구원수
1	2010	5,200	700	4
2	2010	3,800	540	3
3	2010	4,900	980	4
4	2010	6,500	1,020	4
...	...	...	...	...
497	2015	5,900	560	3
498	2015	5,400	985	3
499	2015	4,900	650	4
500	2015	3,700	450	4

패널 자료 또는 종단면 자료(panel data or longitudinal data)

패널 자료 또는 종단면자료는 각 개체들이 여러 횡단면에 걸쳐 각각의 시계 열자료로 구성되어 있다. 예컨대 개체별(city)로 2006년부터 2015년까지 10년간 자료가 축적되어 있다고 가정할 때, 17개 광역지방자치단체의 인구(십만명), 실업 률(%)에 관해 도식하면 다음과 같다.

obs_no	city	year	인구	실업률
1	1	2006	700	14
2	1	2007	710	13
3	1	2008	721	14
4	1	2009	723	14
...	...	...	...	...
497	17	2012	560	12

498	17	2013	563	13
499	17	2014	565	14
500	17	2015	570	16

1.3 실증분석 데이터 수집방법

이론적으로는 임의 표본추출(random sampling)이 표본집단의 품질을 보증하는데 가장 우수한 방법이다. 이미 언급하였듯이, 이 방법은 현실에서 적용하려면 많은 노력을 기울어야 한다. 그래서 현실적으로는 임의 또는 무작위 표본추출방법 대신 다음과 같은 실용적인 방법들이 많이 사용된다.

(1) 층화추출법(stratified random sampling)

예를 들어, 공무원에 대한 의견조사를 한다고 할 때, 모집단은 9급 공무원부터 1급 공무원까지 다양하게 분포되어 있다. 그런데 이 모집단으로부터 일정 수의 표본을 추출한다고 가정해보면, 1급 공무원 등 상위직 공무원들은 표본집단에 추출되지 않을 가능성이 있다. 우선 1급 등 고위 공무원은 그 숫자가 적을 뿐더러 워낙 바쁜 직책을 맡고 있어서 접근 가능성이 낮다. 이럴 경우 고위직 공무원이 표본집단에 포함되지 않아 공무원 의견조사 결과는 사실상 전체 공무원의 의견이라기보다는 중하위직 공무원에 대한 의견이다.

이런 문제를 보완하기 위해 고안된 표본추출법이 층화추출법이다. 이 방법은, 공무원을 실무직, 관리직, 고위직으로 구분하고, 세부집단별로 표본을 추출하는 것이다. 또 공무원을 일반행정직, 기능직, 특수직 등으로 구분하여 세부집단으로부터 표본을 추출하는 것도 층화추출법이다. 이런 층화추출법은 매우 광범위하게 사용되고 있으며, 현실에서는 다른 추출방법들과 혼합해서 사용되기도 한다.

(2) 집락추출법(cluster sampling)

집락추출법은 군집추출법이라고도 한다. 공무원의 경우, 실무직, 관리직, 고위직으로 나누어 표본을 추출할 수도 있지만, 중앙행정부처 중 하나만 선택하여 표본을 추출한다면, 그 속에 실무직, 관리직, 고위직이 모두 포함되어 있을 것이다. 즉, 정부의 중앙관서는 약 50여 개 정도 되는데, 이들 50여 개 부처(청)에는 1급 공무원부터 9급 공무원이 공통적으로 근무하고 있다. 따라서 어느 한 부처(청)을 선택하여 조사한다면, 자연스럽게 다양한 직급의 공무원 의견이 조사된다.

이러한 집락추출법 역시 현실세계에서 광범위하게 사용되고 있다. 예를 들어, 우리나라의 지역감정을 조사한다고 했을 때, 호남 전지역과 영남 전지역의 주민들을 조사할 필요는 없다. 영호남의 일부 지역 주민들에 대한 의견조사를 실시하면, 그 표본집단 안에 다양한 직종과 연령과 학력수준 등을 대변하는 표본들이 포함될 것이다. 집락추출법 역시 다른 추출법과 혼합해서 사용되곤 한다.

(3) 체계적 추출법(systematic sampling)

체계적 추출법은 하나의 표본구간으로부터 n번째 표본을 조사대상으로 추출하는 방법을 말한다. 예를 들어, 주민조사를 할 경우 전 주민을 모두 조사할 수는 없다. 따라서 "동사무소로부터 오른쪽으로 매 10번째 가구를 조사한다"는 방식으로 표본을 추출하는 것이다. 아파트의 경우라면 "짝수 동, 짝수 층 거주자"를 표본으로 추출하는 것도 이 방식이다.

(4) 의도적 추출법(purposive sampling)

표본추출에 있어서 조사자는 어떻게 하면 적은 노력으로 많은 응답을 얻을 수 있을지 고민해야 한다. 이때 그는 그동안 축적된 경험과 판단에 의하여 표본집단을 구성하게 된다. 쉽게 말하자면, 모르는 사람들에게 의견조사를 부탁하는 것보다 안면이 있는 사람을 통하는 경우가 훨씬 더 효율적으로 표본조사를 할 수 있다. 이럴 경우 무작위 표본추출방법의 ① 독립성 조건과 ② 불편성 조건을 모두 위배하면서까지 표본을 추출하게 된다. 이론적으로는 문제가 있지만, 현실적으로는 매우 많이 사용되는 표본추출법이다.

(5) 혼합추출법(multi-stage sampling)

혼합추출법은 표본조사의 효율성을 높이기 위해 다양한 추출방법을 혼합해서 사용하는 방법을 말한다. 예를 들어, 공무원에 대한 의견조사를 하는 경우, 1차적으로 어느 특정 부처를 지정한 다음, 그 부처 내에서 실무직, 관리직, 고위직 공무원들을 분리하여 표본추출 하되, 그동안의 경험을 활용하여 의도적 추출법을 적용하여 표본집단을 구성한다. 이런 방법을 학술적으로 표현하자면, 제1차적으로 집락추출법을 적용한 후, 제2차적으로 층화추출법을 사용하고, 그 다음에 체계적 추출법 또는 의도적 추출법을 적용하는 경우라고 할 수 있다.

혼합추출방법은 특정한 방식이 있는 것은 아니고, 조사분석의 목적, 모집단의 특성, 조사의 효율성 등에 따라 다양하게 선택된다.

자료: 배득종 · 정성호(2013). pp. 39-41

제 2 장

Stata 시작, 데이터관리

2.1 Stata 소개 / Stata16의 특징

2.2 Stata에서 가능한 통계기법

2.3 Stata 시작하기

2.4 데이터 형식전환

2.5 데이터관리(자료만지기)

2.6 예제데이터 활용법

2.1 Stata 소개 / Stata16의 특징

Stata는 1980년대 중반 미국의 StataCorp에서 개발한 통계소프트웨어이다. Stata는 Statistics와 Data를 합친 말이다. 이 프로그램은 학술적 용도뿐만 아니라 업무용 등 다양한 분야에서 데이터 입력, 데이터 관리 및 조사 분석을 목적으로 개발되었다. 현재는 경제학, 정치학 등 다양한 사회과학분야와 의학분야 등 다양한 분야에서 광범위하게 이용되고 있다.

Stata는 SPSS와 SAS보다 늦게 보급되었음에도 불구하고 기존 프로그램을 대체해 가고 있는 실정이다. Stata는 다양한 패키지를 포함하여 프로그램이 업데이트되고 있어 사용자가 더욱 확대될 전망이다. Stata는 데이터 관리와 그래픽그리기 등 탁월한 능력을 발휘한다. 이 프로그램은 광범위한 통계분석이 가능하기 때문에 다양한 분야에서 활용이 가능하며, 사용자(user)중심의 프로그램을 개발할 수도 있고 이를 서로 공유하는 시스템이다.

Stata는 모든 분석절차가 메뉴방식으로 구성되어 사용자가 쉽고 편리하게 이용할 수 있다. 더불어 능숙한 사용자라면 명령어를 통해 쉽게 통계 처리가 가능하다. 즉, 메뉴와 명령어 입력방식을 같이 사용할 수 있다. 또한 인터넷과 상호작용을 통해 업데이트는 물론 다양한 부가기능을 이용할 수 있다. 새로이 추가되는 프로그램 파일은 인터넷을 통해 쉽게 검색하여 설치가 가능하다. 실제 추정간 다양한 문제가 발생할 경우 결과창에 팁(예: 오류코드)이 제공되고 이와 연관하여 웹상에서 문제해결이 가능한 시스템이다.

Stata는 1984년 버전 1.0을 시작으로 2019년 버전 16.0이 출시되었다. 버전 12.0부터는 SPSS와 연계된 AMOS보다 더욱 쉽고 편리하게 구조방정식모형을 구동할 수 있다. 특히, 버전 16.0으로 업그레이드되면서 다양한 분석방법이 추가됨은 물론 다양한 언어들을 활용할 수 있다(예, unicode). Stata는 <표 2-1>에 제시된 바와 같이 세 가지 종류가 있다.

표 2-1 Stata의 구분 및 특성

구분	Stata MP	Stata SE	Stata IC
듀얼코어여부	○	×	×
최대변수개수	120,000	32,767	2,048
처리가능독립변수 (한번)	65,532	10,998	798
지원OS	Windows, Mac, or Unix	Windows, Mac, or Unix	Windows, Mac, or Unix
메모리/여유공간	4GB/1GB	2GB/1GB	1GB/1GB

자료: www.Stata.com

Stata 16의 특징

Stata 16은 모든 메뉴를 한글로 작업할 수 있다. 아울러 머신러닝 등의 명령어 들을 활용할 수 있고, 다양한 인터페이스와 리포팅 기능이 강화되었다. 크게 바뀐 기능의 일부를 설명하면, Do파일 편집기능 강화[부록 1 참고]와 한글지원, 비선형 DSGE모형, 파이썬 통합, 자동화된 리포팅 기능이 추가되었다.

2.2 Stata에서 가능한 통계기법

일반적으로 Stata에서 분석 가능한 기법은 OLS, GLS, Panel 분석 등이다. OLS에 근거한 통계는 (다중)회귀분석(reg), 교차표분석(tab, chi2), T-검정(ttest), 분산분석(ANOVA)이 가능하다. 더불어 OLS보다 더 효율적인 GLS기법(xtgls)도 활용할 수 있다. 또한, 다양한 모형의 패널분석이 가능한데, 패널모형에는 패널회귀모형 xtreg(be, fe, re, pa), 동적패널모형(xtabond, xtabond2, xtpdpsys), 패널GEE모형(xtgee=xtreg, pa), 패널로짓모형(xtlogit), 패널프로빗모형(xtprobit) 등이 있다(저자의 Stata 더 친해지기 참고). 한편, OLS에서 간과되기 쉬운 오차항에 관한 가설검정은 FE(xttest 2, xttest 3), RE(xttest 0, xttest 1), 자기상관추정(AR(1)), hausman test, sargan, hansen test 등이다.

Stata는 구조방정식모형(sem/gsem)을 편리하게 추정할 수 있다(14.0버전부터 gsem 가능). 앞으로 Stata는 더 다양하고 강력한 수단(tool)이 될 것으로 기대한다. 다만 본서에는 OLS방식의 통계분석방법만을 다룰 것이다.

2.3 Stata 시작하기

Stata를 설치하고 난 후 처음 시작화면은 다음 [그림 2-1]과 같다.

그림 2-1 Stata시작화면

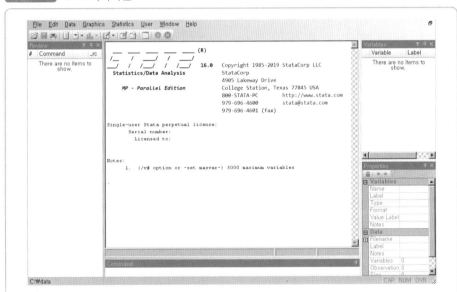

Stata시작화면은 화면 맨 위에 좌측 File부터 우측 Help까지 다양한 메뉴들이 있으며, 그 아래 4개의 작업창이 있다. 맨 왼쪽 위에는 Review창이 있고, 화면 중앙에 Results창이 있으며, 화면 중앙 아래에 Command창이 있고, 맨 우측 위에 Variables창이 있고, 그 아래 변수의 세부정보가 있다.

Variables창은 변수의 이름, 변수의 레이블, 변수의 형태 및 포맷 등 다양한 정보를 보여준다. Command창은 실행하고자 하는 명령어를 입력하는 곳이다. 명령어를 수행하면 Review창에 그 명령어가 기록되고 Review창에 기록된 해당 명령문을 더블클릭하면 바로 그 명령어를 다시 실행할 수 있다.

그림 2-2 다양한 명령어창

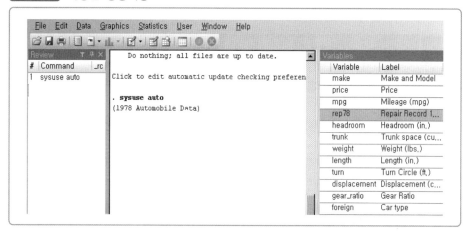

위 그림은 실제로 command창에 예제데이터를 불러들이기 위해 sysuse auto를 입력한 결과이다. Results창에는 sysuse auto(1978 automobile data)가 나타나고 좌측 Review창에는 command창 내용이 자동으로 저장된다. 만약 이 명령어(데이터)를 다시 불러들이고 싶다면 Review창의 해당 내용을 더블클릭하면 command창에 내용이 입력되고 실행된다.

한편 Variables창에는 모든 변수와 그에 관한 라벨 등의 세부자료가 표시되어 자료의 내용을 확인할 수 있다. 추가적인 변수의 내용을 확인하고 싶으면 Variables창 아래 Properties창의 내용을 확인하면 되는데 그 내용은 다음과 같다.

[그림 2-3]에서 price변수는 동일한 라벨명칭으로 정의되어 있다. 또한 변수의 형태(숫자변수)와 포맷이 기록되어 있다. 그 바로 밑에 data는 자료전체의 개괄적 설명이다. 먼저 변수명(auto.dta)과 label에 관해 설명하고 있는데, 변수의 수는 12개이고, 전체 표본수가 74개임을 알려주고 있다.

아래 [그림 2-4]는 화면 중앙에 있는 Results창은 명령문이 실행되어 결과가 제시되는 창인데, 분석결과를 다양한 형태로 옮겨 편집, 저장할 수 있다. 예컨대, 붙여넣기를 원하는 분석결과가 있다면 왼쪽 마우스를 클릭한 상태에서 오른쪽 마우스를 클릭하면 여러 가지 메뉴가 나오게 된다. 그 종류는 copy, copy text, copy table, copy table as HTML, copy as picture가 있다.

그림 2-3 변수창

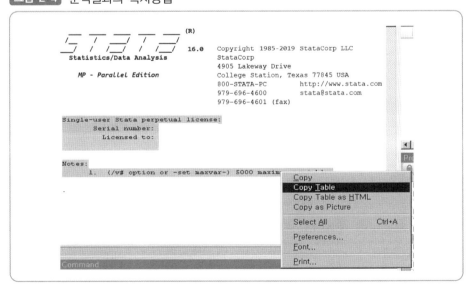

Variables	
Variable	Label
make	Make and Model
price	Price
mpg	Mileage (mpg)
rep78	Repair Record 1...

Properties	
Variables	
Name	price
Label	Price
Type	int
Format	%8,0gc
Value Label	
Notes	
Data	
Filename	auto.dta
Label	1978 Automobile Data
Notes	
Variables	12
Observations	74
Size	3,11K

그림 2-4 분석결과의 복사방법

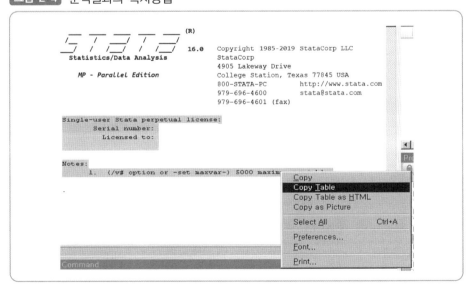

일반적으로는 copy나 copy text를 선택하여 한글 프로그램에 결과를 붙여 넣기 할 수 있다. 또한 표(table) 형태로 분석결과를 저장하고 싶으면 copy table 을 클릭한 후 한글에 붙여넣기한 다음 한글(한글 2018 기준) 상단 메뉴에 있는 입력(D)>표(T)> 문자열을 표로> 자동으로 넣기> 탭을 설정하거나, 입력(D)>표(T)> 문자열을 표로> 분리방법 지정> 설정을 적용한 후 약간의 추가적인 작업을 하면 완벽한 표로 변환이 가능하다. 또한 그림의 형태로 저장하고자 할 경우 copy as picture를 적용하면 되는데, 이 경우에는 편집이 불가능하다.

2.3.1 업데이트, 로그파일

Stata는 인터넷을 통해 프로그램을 업데이트를 할 수 있다. 프로그램을 설치한 후 먼저 update all을 실행하면 최근까지의 제반 프로그램을 업데이트해준다. 이때 반드시 인터넷과 접속이 되어 있어야 한다. 이 명령어를 실행하게 되면 http://www.stata.com에 접속되며, update 파일이 프로그램에 자동으로 install된다.

update all

```
. update all
(contacting http://www.stata.com)
```

그렇다고 해서 모든 ado파일이 업데이트되는 것은 아니다. 필요할 경우 파일을 검색(예: findit)하여 설치해야 할 경우가 있다.

프로그램 상단 메뉴에서 edit> preference> general preference를 선택한 후 internet 탭에서 enable automatic update checking에서 update 주기를 설정할 수 있다.

실제 분석하는 가운데 에러메시지(예: variable prise not found, r(111)가 나타날

그림 2-5 findit 사용법

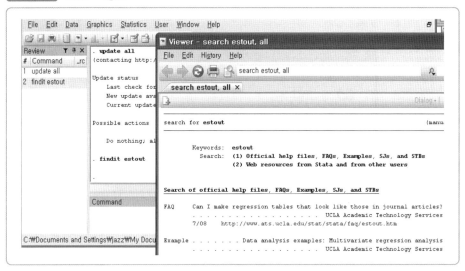

경우, 그 에러메시지에 정확한 설명은 파란색 r(111)을 클릭하면 알 수 있다. 경우에 따라 문제해결을 위해 파일을 찾는 경우가 종종 있다. 즉, findit 명령어(xxx)는 문제 해결의 시작인데 새로운 명령어(xxx)를 다운받아 install해야만 한다.

[그림 2-5]는 표 편집기능이 있는 estout를 찾아 install하는 과정을 설명하고 있다. 만약에 프로그램상에 estout이 install되어 있지 않았을 경우 estout명령어를 실행했을 때 실행이 안 되고 에러메시지가 뜬다. 이를 치유하기 위해 findit estout를 실행하고, 그 다음 적절한 것을 찾아 install하면 된다.

Stata의 Results창은 실행한 명령문과 분석결과가 동시에 화면에 표시된다. 하지만, Results창에 보관할 수 있는 용량이 한정되어 있어 일정한 시점이 되면 이전 분석결과의 일정부분이 차례로 사라지게 된다. 즉, 분석결과를 저장하는 데 한계가 있다. 따라서 분석결과가 일정한 양을 초과하면 이를 복사하여 매번 붙여넣기를 해야 한다. 사용자가 일일이 복사하여 붙여넣기해야 하는 번거로움이 있지만, 어느 시점에서 연구자가 필요한 데이터(분석결과)가 사라질지 예측이 불가능하다.

따라서 연구자가 분석결과의 처음부터 끝까지 저장하여 보관할 수 있도록 로그파일을 생성해야 한다. 이것이 바로 로그파일이다. 로그파일은 로그 시작시점부

그림 2-6 로그파일저장

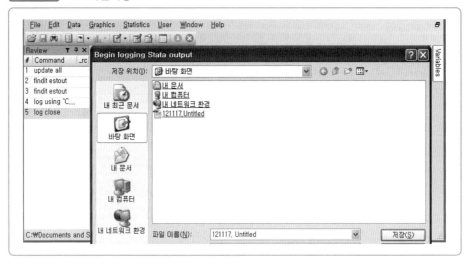

터 종료시점까지 명령문과 실행결과가 text파일로 저장되기 때문에, 이후에라도
열람 및 편집이 가능하다. 파일의 확장자는 smcl로 저장되며 언제든지 불러 들여
참고할 수 있다(file> log> view).

로그파일을 만드는 것은 Stata를 사용할 때 필수사항이라고 보면 된다. 로그
파일은 file> log> begin으로 생성되며, 로그파일을 종료하려면 close를 적용하
면 된다. [그림 2-6]은 file> log> begin을 적용하면 저장할 위치를 지정하게 된
다. 저장할 위치는 바탕화면이고 파일명은 121117로 연구자가 자유로이 설정할
수 있다. 위와 같이 로그파일명은 '연월일'로 표시해두면 유용하다(예: 121117).

2.3.2 데이터 파일관리

Stata 파일은 데이터파일, 프로그램파일, 명령문파일, 출력결과 로그파일 등
으로 구성되며, 파일의 형식은 확장자로 구분할 수 있다. 데이터 파일(.dta)은 데
이터 셋을 읽을 수 있도록 고안된 프로램에서만 작동된다. 프로그램(.ado)파일은
프로그램을 실행하기 위해 고안된 일반텍스트 포맷형식이며, 명령문 파일(.do)은
명령문이 순서대로 수행되도록 모아놓은 파일로 일반텍스트(ASCII)포맷 형식이며

do파일 편집기는 물론 일반텍스트(.txt) 편집기에서도 작동이 된다. 또한 출력결과를 로그파일형태로 저장할 수 있다(.smcl). 이러한 파일들은 Stata프로그램에서만 실행이 가능하다.

데이터 파일은 문자변수와 숫자변수로 구분된다. 문자변수는 빨간색으로, 숫자변수는 검정색으로 표시된다. 문자변수의 저장형태는 str이고 숫자변수의 저장형태는 다양한데 byte, int, long, float, double의 형태가 있다. 프로그램에서 지원되는 str은 244까지 가능하며 자동으로 저장형태를 지정해준다.

그림 2-7 데이터 형태

```
Storage                                      0 without
type                Minimum        Maximum   being 0      bytes

byte                    -127            100   +/-1             1
int                  -32,767         32,740   +/-1             2
long          -2,147,483,647  2,147,483,620   +/-1             4
float  -1.70141173319*10^38  1.70141173319*10^38  +/-10^-38   4
double -8.9884656743*10^307  8.9884656743*10^307  +/-10^-323   8

Precision for float  is 3.795x10^-8.
Precision for double is 1.414x10^-16.

String
storage       Maximum
type          length           Bytes

str1              1                1
str2              2                2
 ...              .                .
 ...              .                .
 ...              .                .
str244          244              244
```

숫자는 정수일 경우 int, 0과 1의 값을 갖는 더미변수의 경우 byte, 숫자변수의 디폴트(default) 저장형태는 float이다. 이해를 돕기 위해 상단메뉴 help창을 통해 data type을 더욱 자세히 살펴볼 수 있다.

데이터의 저장형태를 알아보기 위해, 예제파일 auto.dta파일을 불러 들여 describe 명령어를 실행해보면 다음과 같은 자세한 정보를 제공해준다.

그림 2-8 describe 실행

```
. sysuse auto
(1978 Automobile Data)

. describe

Contains data from C:\Program Files\Stata16\ado\base/a/auto.dta
  obs:            74                       1978 Automobile Data
  vars:           12                       13 Apr 2011 17:45
  size:         3,182                      (_dta has notes)

                storage   display    value
variable name   type      format     label      variable label

make            str18     %-18s                  Make and Model
price           int       %8.0gc                 Price
mpg             int       %8.0g                  Mileage (mpg)
rep78           int       %8.0g                  Repair Record 1978
headroom        float     %6.1f                  Headroom (in.)
trunk           int       %8.0g                  Trunk space (cu. ft.)
weight          int       %8.0gc                 Weight (lbs.)
length          int       %8.0g                  Length (in.)
turn            int       %8.0g                  Turn Circle (ft.)
displacement    int       %8.0g                  Displacement (cu. in.)
gear_ratio      float     %6.2f                  Gear Ratio
foreign         byte      %8.0g      origin      Car type

Sorted by:  foreign
```

예를 들어 mpg변수의 포맷형태가 %8.0g로 표시되어 있는데 이는 숫자변수이고, 8자리의 소수점이 없다는 의미이다. 또한 make의 저장형태는 str로 문자변수임을 의미한다.

label list 명령어를 활용하면 변수 값(0 또는 1)과 라벨(domestic 또는 foreign)이 표시된다. label list를 활용하는 것은 위 [그림 2-8]에서 라벨이 표시된 변수(foreign)의 라벨표시를 확인하기 위함이다.

```
. label list
  origin:
         0  Domestic
         1  Foreign
```

codebook 명령어를 활용하면 해당변수의 더욱 상세한 정보를 확인할 수 있다. 이때 codebook 다음에 변수를 지정하지 않으면 모든 변수(_all)에 대한 세부정보를 표시하라는 명령이다. 다만 지면의 제약으로 price변수의 세부정보를 확인해보면 다음과 같다.

```
. codebook price

─────────────────────────────────────────────────────────────────────
price
─────────────────────────────────────────────────────────────────────

                  type:  numeric (int)

                 range:  [3291,15906]            units:  1
         unique values:  74                    missing .:  0/74

                  mean:  6165.26
              std. dev:  2949.5

           percentiles:     10%      25%      50%      75%      90%
                           3895     4195   5006.5     6342    11385
```

다만, 데이터 셋의 개요만 알기 원한다면 compact옵션을 활용하면 유용하다. 이 명령어는 변수별 결측치가 아닌 관측치의 개수, 중복이 없는 관측치의 개수, 최소 및 최댓값과 라벨을 표시해준다(sum과 대체로 유사).

```
. codebook, compact

Variable       Obs Unique      Mean    Min    Max  Label
─────────────────────────────────────────────────────────────────────
make            74     74         .      .      .  Make and Model
price           74     74  6165.257   3291  15906  Price
mpg             74     21   21.2973     12     41  Mileage (mpg)
rep78           69      5  3.405797      1      5  Repair Record 1978
headroom        74      8  2.993243    1.5      5  Headroom (in.)
trunk           74     18  13.75676      5     23  Trunk space (cu. ft.)
weight          74     64  3019.459   1760   4840  Weight (lbs.)
length          74     47  187.9324    142    233  Length (in.)
turn            74     18  39.64865     31     51  Turn Circle (ft.)
displacement    74     31  197.2973     79    425  Displacement (cu. in.)
gear_ratio      74     36  3.014865   2.19   3.89  Gear Ratio
foreign         74      2  .2972973      0      1  Car type
─────────────────────────────────────────────────────────────────────
.
```

이제 보고 싶은 변수만을 선택하여 보는 방법에 대해 알아본다. list 명령어를 실행하면 관찰 값 5개마다 구분선을 긋게 되며 모든 변수를 나타낸다.

. list

	make	price	mpg	rep78	headroom	trunk	weight	length	turn	displa~t	gear_r~o	foreign
1.	AMC Concord	4,099	22	3	2.5	11	2,930	186	40	121	3.58	Domestic
2.	AMC Pacer	4,749	17	3	3.0	11	3,350	173	40	258	2.53	Domestic
3.	AMC Spirit	3,799	22	.	3.0	12	2,640	168	35	121	3.08	Domestic
4.	Buick Century	4,816	20	3	4.5	16	3,250	196	40	196	2.93	Domestic
5.	Buick Electra	7,827	15	4	4.0	20	4,080	222	43	350	2.41	Domestic
6.	Buick LeSabre	5,788	18	3	4.0	21	3,670	218	43	231	2.73	Domestic

(이하 생략)

다만, 위 표에서 제시된 라벨을 표시하지 않고 원래 값을 표시하고 싶으면 옵션에 nolabel을 지정해주면 된다(지면의 제약으로 관측치 6개로 한정).

. list make-foreign in 1/6, nolabel

	make	price	mpg	rep78	headroom	trunk	weight	length	turn	displa~t	gear_r~o	foreign
1.	AMC Concord	4,099	22	3	2.5	11	2,930	186	40	121	3.58	0
2.	AMC Pacer	4,749	17	3	3.0	11	3,350	173	40	258	2.53	0
3.	AMC Spirit	3,799	22	.	3.0	12	2,640	168	35	121	3.08	0
4.	Buick Century	4,816	20	3	4.5	16	3,250	196	40	196	2.93	0
5.	Buick Electra	7,827	15	4	4.0	20	4,080	222	43	350	2.41	0
6.	Buick LeSabre	5,788	18	3	4.0	21	3,670	218	43	231	2.73	0

위 표와 동일한 값이지만 구분선이 눈에 거슬린다면 이를 없애기 위해 clean 옵션을 추가하면 다음과 같다.

. list make-foreign in 1/6, nolabel clean

	make	price	mpg	rep78	headroom	trunk	weight	length	turn	displa~t	gear_r~o	foreign
1.	AMC Concord	4,099	22	3	2.5	11	2,930	186	40	121	3.58	0
2.	AMC Pacer	4,749	17	3	3.0	11	3,350	173	40	258	2.53	0
3.	AMC Spirit	3,799	22	.	3.0	12	2,640	168	35	121	3.08	0
4.	Buick Century	4,816	20	3	4.5	16	3,250	196	40	196	2.93	0
5.	Buick Electra	7,827	15	4	4.0	20	4,080	222	43	350	2.41	0
6.	Buick LeSabre	5,788	18	3	4.0	21	3,670	218	43	231	2.73	0

sort는 변수의 값에 따라 줄을 세운다고 이해하면 된다. sepby(변수목록)옵션
은 변수들에서 변수목록이 바뀔때마다 구분선을 그어준다. 다만 mean(weight)과
같이 변수목록을 지정해주면 해당변수만 적용하게 된다.

. sort price mpg

. list price mpg weight if weight<2000, sepby(price) N mean(weight)

	price	mpg	weight
8.	3,895	26	1,830
11.	3,995	30	1,980
21.	4,389	28	1,800
23.	4,425	34	1,800
26.	4,499	28	1,760
31.	4,697	25	1,930
58.	6,850	25	1,990
Mean			1,870
N	7	7	7

by 접두어

by 접두어는 데이터를 여러 층으로 구분할 수 있다. 다음 명령어는 sum표를 외제차여부로 구분하여 하나씩 만들 수 있다. 다만 명령어(sort, bysort)만 다를 뿐 결과는 동일하다.

```
. sort foreign

. by foreign : sum price mpg weight
```

-> foreign = Domestic

Variable	Obs	Mean	Std. Dev.	Min	Max
price	52	6072.423	3097.104	3291	15906
mpg	52	19.82692	4.743297	12	34
weight	52	3317.115	695.3637	1800	4840

-> foreign = Foreign

Variable	Obs	Mean	Std. Dev.	Min	Max
price	22	6384.682	2621.915	3748	12990
mpg	22	24.77273	6.611187	14	41
weight	22	2315.909	433.0035	1760	3420

```
. bysort foreign: sum price mpg weight
```

-> foreign = Domestic

Variable	Obs	Mean	Std. Dev.	Min	Max
price	52	6072.423	3097.104	3291	15906
mpg	52	19.82692	4.743297	12	34
weight	52	3317.115	695.3637	1800	4840

-> foreign = Foreign

Variable	Obs	Mean	Std. Dev.	Min	Max
price	22	6384.682	2621.915	3748	12990
mpg	22	24.77273	6.611187	14	41
weight	22	2315.909	433.0035	1760	3420

bysort foreign과 by foreign, sort의 결과 값도 동일함을 알 수 있다.

. by foreign, sort: sum price mpg weight

-> foreign = Domestic

Variable	Obs	Mean	Std. Dev.	Min	Max
price	52	6072.423	3097.104	3291	15906
mpg	52	19.82692	4.743297	12	34
weight	52	3317.115	695.3637	1800	4840

-> foreign = Foreign

Variable	Obs	Mean	Std. Dev.	Min	Max
price	22	6384.682	2621.915	3748	12990
mpg	22	24.77273	6.611187	14	41
weight	22	2315.909	433.0035	1760	3420

2.3.2.1 데이터 편집기와 데이터 브라우저

데이터 보기기능은 두 가지 모드가 있는데, 데이터편집기(Data Editor)📝와
데이터 브라우저(Data Browser)📇이다. 데이터 편집기는 데이터를 수정하여 입력
할 수 있고, 행에는 변수를, 열에는 관찰 값을 입력할 수 있다. 사용자는 색깔로
그 특성을 알 수 있는데, 문자열 변수는 **빨간색**, 값 라벨은 파란색으로 표시된다.
반면, 데이터 브라우저는 데이터를 수정할 수 없고 단지 확인만 할 수 있다. 이는
사용자가 실수로 데이터의 수정 또는 변경하지 못하도록 한 것이다.

그림 2-9 Stata 편집기 실행

	make	price	mpg	rep78	headroom	trunk	weight	length	turn	displacement	gear_ratio	foreign
1	AMC Concord	4,099	22	3	2.5	11	2,930	186	40	121	3.58	Domestic
2	AMC Pacer	4,749	17	3	3.0	11	3,350	173	40	258	2.53	Domestic
3	AMC Spirit	3,799	22	.	3.0	12	2,640	168	35	121	3.08	Domestic
4	Buick Century	4,816	20	3	4.5	16	3,250	196	40	196	2.93	Domestic
5	Buick Electra	7,827	15	4	4.0	20	4,080	222	43	350	2.41	Domestic
6	Buick LeSabre	5,788	18	3	4.0	21	3,670	218	43	231	2.73	Domestic
7	Buick Opel	4,453	26	.	3.0	10	2,230	170	34	304	2.87	Domestic
8	Buick Regal	5,189	20	3	2.0	16	3,280	200	42	196	2.93	Domestic
9	Buick Riviera	10,372	16	3	3.5	17	3,880	207	43	231	2.93	Domestic
10	Buick Skylark	4,082	19	3	3.5	13	3,400	200	42	231	3.08	Domestic
11	Cad. Deville	11,385	14	3	4.0	20	4,330	221	44	425	2.28	Domestic
12	Cad. Eldorado	14,500	14	2	3.5	16	3,900	204	43	350	2.19	Domestic
13	Cad. Seville	15,906	21	3	3.0	13	4,290	204	45	350	2.24	Domestic
14	Chev. Chevette	3,299	29	3	2.5	9	2,110	163	34	231	2.93	Domestic
15	Chev. Impala	5,705	16	4	4.0	20	3,690	212	43	250	2.56	Domestic
16	Chev. Malibu	4,504	22	3	3.5	17	3,180	193	31	200	2.73	Domestic
17	Chev. Monte Carlo	5,104	22	2	2.0	16	3,220	200	41	200	2.73	Domestic
18	Chev. Monza	3,667	24	2	2.0	7	2,750	179	40	151	2.73	Domestic
19	Chev. Nova	3,955	19	3	3.5	13	3,430	197	43	250	2.56	Domestic
20	Dodge Colt	3,984	30	5	2.0	8	2,120	163	35	98	3.54	Domestic
21	Dodge Diplomat	4,010	18	2	4.0	17	3,600	206	46	318	2.47	Domestic
22	Dodge Magnum	5,886	16	2	4.0	17	3,600	206	46	318	2.47	Domestic
23	Dodge St. Regis	6,342	17	2	4.5	21	3,740	220	46	225	2.94	Domestic

2.3.2.2 Do - 파일편집기

Do-파일편집기(Do-file Editor)는 do-파일과 ado-파일 등 텍스트파일을 작성하기 위한 표준파일편집기이다. Do-파일은 다음 그림과 같이 do 실행기(📝)를 클릭하면 untitled.do파일 편집기가 열린다.

그림 2-10 do-파일편집기

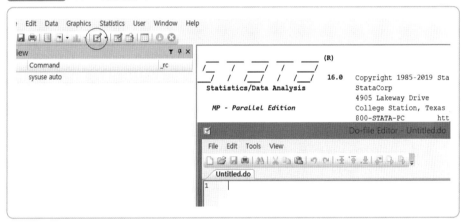

Stata는 command 창에서 하나의 명령어를 입력하면서 개별 분석이 가능하지만 do-파일을 활용하면 연달아 분석이 가능하다. do-파일의 장점은 다음과 같다. 확실하게 의도한 대로 명령문을 입력하기 때문에 여러 가지 명령어를 연달아 실행할 수 있다.

또한 오류발견시 쉽게 수정이 가능하고 do-파일을 재실행할 수 있다. 또한 do-파일은 실행과정을 문서화할 수 있다. do-파일에 대한 개괄적인 설명을 하면 주석으로 활용할 수 있는 기호가 있다.

우선 do-파일 시작시 *로 시작하면 그 행은 주석으로 해석하게 된다(/*...*/도 동일한 의미임). 예를 들면 첫 번째 행에 * 회귀분석을 적고, 두 번째 행에 * sysuse. dta를 활용한 회귀분석으로 표시해두면 파일관리에 용이하다.

예시) 1. * 회귀분석, 경우에 따라서는 ** 회귀분석 **도 가능하다.

2. * sysuse. dta를 활용한 회귀분석으로 표시하거나 한국행정학보 제출 등 목적을 명시하면 유용하다.

그림 2-11 do-파일 실행

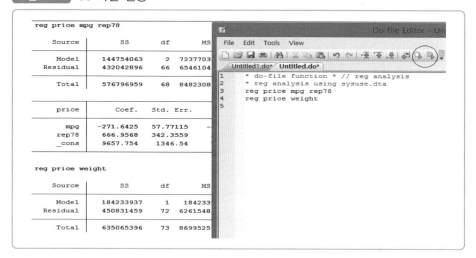

또한 구분기호(delimit)는 한 행이 끝날 때 명령이 끝남을 의미한다. 통상 #delimit ;, 다음 행에서 명령문.... 그 다음 행에서 #delimit cr을 활용한다. /// 을 입력하면 명령문이 다음 행에 계속됨을 의미한다.

다만, 명령어 창에는 *만 입력할 수 있고, // 나 /* ... */은 입력되지 않는다.

위 그림 우측 상단에 do-실행기에는 두 개 있는데, 하나는 do버튼이고, 또 다른 하나는 run버튼이다(,). 왼쪽 run 명령어 버튼(execute quiety (run))은 아무런 출력결과를 표시하지 않고 분석만 실행한다. 반면 오른쪽 do 명령어 버튼 ((execute (do))은 현재의 do-파일에 적힌 내용을 실행한다(Ctrl+D 키를 눌러도 동일한 결과가 도출된다).

2.3.3 데이터 관리에 유용한 명령어

데이터 관리는 변수에 관한 정확한 내용의 지정이 핵심이다. 먼저 변수이름 은 영어로 가급적 짧게 만드는 것이 좋다. 버전 14.0부터는 다른 다양한 언어도 사용이 가능하다(16.0 버전은 완전한 한글사용이 가능하다) 변수의 이름은 숫자로 시 작해서는 안 된다(예: 2000price).

Help

명령어를 잘 모를 때 사용하기 쉬운 유용한 메뉴는 Help이다. 더불어 명령어는 '소문자'로 시작해야 한다는 것을 잊어서는 안 된다.

변수목록

변수목록은 아래와 같은 형식으로 정의할 수 있다.

예

미지정 : 지정하지 않으면 모든 변수(_all)와 동일하게 정의

_all : 데이터셋에 있는 모든 변수를 의미

make mpg price : 세 변수를 의미

make mpg-foreign : make변수와 mpg부터 foreign까지 변수를 의미

ma* : ma로 시작하는 모든 변수를 의미

ore : ore를 포함하는 모든 변수를 의미

??re??? : re가 세 번째와 네 번째 글자로 있는 다섯자리 변수를 의미

숫자목록 및 숫자범위

숫자목록은 줄여서 쓸 수 있는 숫자의 목록이다. 숫자목록과 숫자의 범위는 혼동하기 쉽기 때문에 주의를 요한다. 다시 말해 목록과 범위는 다르다는 의미이다. 쉽게 숫자범위는 구간이라 생각하면 된다.

예

1/10 : 1 2 3 4 5 6 7 8 9 10을 의미

5/3 10/7 : 5 4 3 10 9 8 7을 의미

5 4 9 (-1) 1 : 5 4 9 8 7 6 5 4 3 2 1을 의미

3(2)10 : 3 5 7 9를 의미

1(1)3 3.5(0.5)5 : 1 2 3 3.5 4.0 4.5 5.0을 의미

(목록 응용)

egen agegap=gap(age), at(0 5(10)85 100): 0-4, 5-14, 15-24, ..., 75-84, 85 이상으로 구분하라는 의미

(범위 응용)

특정변수를 일정한 간격으로 구분하는 방법이다.

recode age (0/24=1)(25/44=2)(45/64=3)(65/max=4), gen(agegrade)

if 한정어(qualifier)

if 명령어(한정어)는 적용될 관찰값을 선택할 때 사용되는 논리식이다. if 한정어는 명령어에 사용되기도 하고, 옵션으로 사용되기도 한다. 예를 들면 아래와 같다.

- ▸ sum age if sex==1 (1이 남자라면, 남자만 적용하라는 의미임)
- ▸ sum age if sex!=1 (1이 남자라면, 남자만 제외하라는 의미임)
- ▸ list id age age<=30 (30세 이하만 표시하라는 의미임)
- ▸ keep if sex==1 | age<=30 (1이 남자라면, 남자이거나 30세 이하라는 의미임)
- ▸ keep if !(sex==1 | age<=30) (1이 남자라면, 남자이거나 30세 이하가 아닌 모든 경우라는 의미임)
- ▸ replace oldage=. if age >=. (나이가 결측치이면 제외하라는 의미임)

지금까지 활용된 연산자는 통상 =, ==, >=, <=, >, <, !=, ~=, !, ~, &, | 로 요약이 된다. 논리식에 사용되는 연산자를 설명하면 다음과 같다.

=	등호	!=	비등호
==	지정(지시)등호	~=	비등호
>=	이상	!	아닌(부정)
<=	이하	~	아닌
>	초과	&	그리고
<	미만	|	또는

in 한정어

in 한정어는 적용될 관찰값을 활용하기 위한 명령어이다. in 한정어는 범위를 결정하는데, 그 예는 다음과 같다.

- ▸ list in 1/10 (1-10번째 관찰값을 표시하라는 의미임, 이때 모든 변수가 표시됨)
- ▸ list sex, age, weight in 23 (23번째 관찰 값을 표시하라는 의미임)
- ▸ browse age-weight in -10/-1 (데이터 브라우저에 있는 변수(age부터 weight까지)의 마지막 10개 관찰 값을 표시하라는 의미이고, -1은 마지막 관찰 값을 의미한다.

사소하지만 쉽게 틀릴 수 있어 주의가 요구되는 명령어는 "="와 "=="인데 이 둘의 명확한 구분이 필요하다. =는 등호의 의미이지만, ==는 지정의 의미이다. 즉, "summarie if foreign==1"은 foreign이라는 변수 값이 1인 것만을 지정하여 요약하라는 의미이다.

또한 "쉼표"와 "옵션"의 구분은 중요하다. 쉼표 다음에 오는 것은 옵션이라는 점을 잊어서는 안 된다. summarie, if foreign==1은 옵션임을 명심해야 한다.

논리기호를 사용할 때 반드시 부등호, 등호 순으로 입력해야 한다("<="). 같지 않다는 명령어는 "!=" 또는 "~="이다. 또한 and는 "&", or는 | (\키+shift키)을, 한정어는 in을 쓴다.

큰 따옴표

이해를 돕기 위해 큰 따옴표의 활용을 설명하면 다음과 같다. Stata에 탑재된 예제파일 auto.data가 있는데 이를 구분하기 위해 바탕화면에 auto111.dta로 바꾸어 저장해두자. 다시 말해 바탕화면에 독자들이 만든 파일(auto111)이 있다고 이해하면 된다.

경로는 C:\Users\auto111.dta이다. 이제 바탕화면에 생성해 놓은 파일을 불러들어 실증분석하려고 한다. 먼저 use명령어 다음에 큰 따옴표(" ")안에 auto111.dta를 적용하여 실행하면 된다.

use "C:\Users\auto111.dta"
(1978 Automobile Data)

이밖에 라벨에도 이를 적용할 수 있는데 그 방법은 다음과 같다.

label define sex1 "male" 2 "female" 9 "sex unknown"

주석

주석(comment)은 do파일과 ado파일에 연구자가 짧은 설명을 포함시킬 수 있다. 그 방법은 *로 시작하는 행과 //로 시작하는 텍스트가 있다. 이렇듯 주석을 달면 do파일의 내용을 더욱 쉽게 확인할 수 있다. 다만 명령어 창에서는 *만 주석으로 활용할 수 있으며, //은 사용할 수 없다.

auto data 활용 reg
reg mpg price trunk //
/ invalid name
r(198);

do파일 및 ado파일에서 긴 명령어 줄 처리(///)

일반적으로 do파일과 ado파일은 명령어를 입력할 때 한 줄이 끝날 때까지는 특별한 구분기호(delimiter)가 필요하지 않다. 또한 do파일과 ado파일에서 명령어는 한 줄당 80글자를 넘겨서는 안 되는데, 이는 화면에서 가독성을 높이기 위해서다. 명령어가 너무 길어 다음 줄(행)에 계속된다는 것을 지정하기 위해 ///(반드시 /// 앞에 빈칸 유지)를 입력해줘야 한다.

(/// 적용 전) reg price mpg rep78 headroom trunk weight turn displacement
gear_ratio foreign
(/// 적용 후) reg price mpg rep78 headroom trunk weight turn ///
displacement gear_ratio foreign

쉼표와 옵션

Stata는 쉼표와 옵션의 역학관계를 잘 이해해야 한다. 연구자들은 흔히 쉼표를 잘못 찍는 오류를 범하게 된다. 그 예를 들면 다음과 같다.

sum, if foreign == 1 이라는 명령어를 입력하게 되면 옵션(option)을 허용하지 않는다는 오류메시지가 나타난다(option if not allowed). Stata에서는 쉼표 다음은 옵션으로 인식한다. 추측하건데, sum if foreign == 1을 입력하려 했을 것이다. 다시 말해 if 한정어를 사용하려 했겠지만, if 한정어는 반드시 쉼표 앞에 위치해야 한다. by 한정어 역시 명령문 앞에 쉼표를 입력해야 한다.

또 한 가지 주의해야 할 점은 옵션과 이어지는 괄호사이는 빈칸이 있으면 안 된다.

scatter mpg weight, xtitle ("weight") 또는

scatter mpg weight, xtitle (weight)

두 경우 모두가 xtile과 괄호사이에 빈칸이 적용되어 오류메시지가 뜨게 된다. 따라서 다음과 같이 입력해야만 정확하게 실행이 된다.

scatter mpg weight, xtitle("weight") 또는

scatter mpg weight, xtitle(weight)

findit, search

이미 설명한 findit이나 search는 명령어의 기능을 잘 모를 때 사용하면 된다. 일반적으로 잘 모르는 명령어를 검색하기 위한 명령어라고 생각하면 된다.

tabulate & xi

더미변수를 만드는 방법은 tab과 xi가 있다. 먼저 tabulate를 이용하여 더미변수를 만들어보자. 이를 위해 예제파일 nlsw88.dta를 활용한다. 예제파일에서 인종은 백인, 흑인, 기타로 구분된다. tab 다음에 범주형 변수(race)를 입력하면 범주형 변수의 빈도수를 보여준다. 추가로 gen(dum_race) 명령어를 사용하면 간단히 더미변수를 만들 수 있다.

그림 2-12　tab 실행

```
. tab race

        race |      Freq.     Percent        Cum.
-------------+-----------------------------------
       white |      1,637       72.89       72.89
       black |        583       25.96       98.84
       other |         26        1.16      100.00
-------------+-----------------------------------
       Total |      2,246      100.00

. tab race, gen(dum_race_)

        race |      Freq.     Percent        Cum.
-------------+-----------------------------------
       white |      1,637       72.89       72.89
       black |        583       25.96       98.84
       other |         26        1.16      100.00
-------------+-----------------------------------
       Total |      2,246      100.00
```

아래 [그림 2-13]에서는 gen(dum_race_)과정을 거쳐 dum_race_1, 2, 3이 생성된 것을 변수창에서 확인할 수 있다. 이때 dum_race_1은 백인, dum_race_2는 흑인, dum_race_3은 기타 유색인종을 의미한다.

그림 2-13　tab 실행으로 인한 변수생성

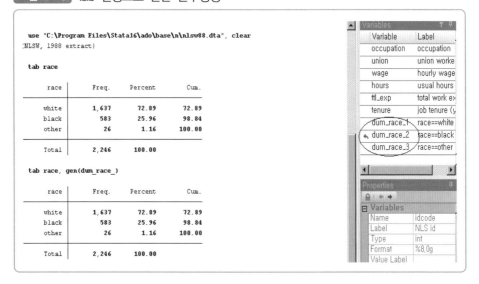

더미변수는 xi명령어를 이용하여도 만들 수 있다. 우선, 명령어에 db xi를 실행하면 다음과 같은 대화창이 나타나는데, categorical variable에 race를, prefix에 dum을 적용하면 된다. command창에는 다음과 같은 명령어가 생성된다(xi I.race, prefix(dum)).

그림 2-14 xi 대화창

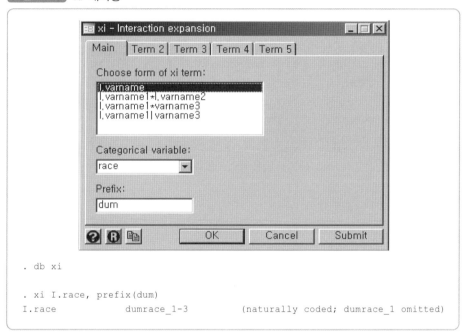

```
. db xi

. xi I.race, prefix(dum)
I.race                 dumrace_1-3          (naturally coded; dumrace_1 omitted)
```

그런데 tab 명령어 실행과 달리 dum race_1은 만들어지지 않았다. 그 이유는 회귀모형의 설명변수가 범주의 개수보다 1개 적은 2개의 더미변수만 만들기 때문이다. 굳이 3개의 더미변수를 만들고자 한다면 noomit옵션을 추가하면 되는데, xi I.race, prefix(dum) noomit를 적용하면 된다.

> ref. 더미변수를 만들어 분석할 경우 더미변수 중 하나가 제외([그림 2-15] dumrace_1) 되었다. 이는 설명변수간 완전한 선형관계가 없어야 하는 가정을 충족해야 하기 때문이다.

그림 2-15 xi 실행으로 인한 변수생성

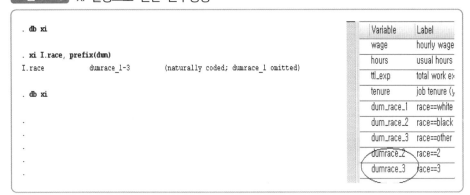

gen

gen은 새로운 변수를 만들고자 할 경우 유용하다. 일반적으로 자연로그(ln), 제곱근(sqrt), 반올림(round) 등을 활용하여 새로운 변수를 만드는데 그 예는 다음과 같다.

그림 2-16 gen 실행

```
. use "http://www.stata-press.com/data/r16/invest2.dta", clear

. gen ln_ invest=ln( invest)
invest already defined
r(110);

. gen ln_invest=ln( invest)
```

예컨대, 자연로그(ln)를 적용하고자 할 경우에는 ln_invest를 반드시 붙여 써야 한다. 그렇지 않으면 이미 invest라는 변수가 존재하기 때문에 새로운 변수를 만들 수 없다는 에러메시지가 나타나게 된다(r(110)).

제곱근(sqrt)과 반올림(round)을 동일하게 적용하여 보면 다음과 같다. [그림 2-17]을 간략히 설명하면, invest를 제곱근한 뒤(sqt_invest), 반올림(rd_invest)하라는 의미이다.

그림 2-17 sqt rd 실행

```
. gen sqt_invest=sqrt( invest)

. gen rd_invest=round( invest)
```

ref. 경우에 따라 변수명은 변경할 필요가 있다. 예를 들어, 변수명(age)을 새로운 변수명(are_1)으로 변경하고자 할 경우 rename age age_1을 입력하면 된다.

또 다른 유형 중 하나는 논리식을 포함한 recode 명령어가 있다.

예를 들어 age > =30은 1로, age < 30은 0으로 코딩을 바꾸고자 할 경우에 다음과 같은 명령어를 입력하면 된다. 즉, 30보다 크거나 같을 경우에는 1로, 30 이하일 경우 0으로 코딩하라는 의미이고, 새로이 생성될 변수명은 newage이다.

recode age(30/max=1)(min/30=0), gen(newage) 명령어를 적용하면 된다.

또 다른 방법을 활용하여 동일한 결과를 얻고자 한다면, 각각의 명령어를 입력해주면 된다.

gen newage=0
replace newage=1 if age> =30
replace newage=1 if age> =.

이보다 더욱 세분화된 구간을 만들고자 한다면, 다음과 같은 명령어를 입력하면 된다.

replace newage=1 if age> =30 & age<40

또 다른 하나의 예를 들면 기존에 입력된 내용 전체를 바꾸려면 다음과 같은 과정을 거치면 된다.

기존변수의 sex가 0인 변수는 2로 코딩을 변경하려면 recode sex (0=2)를 입력하면 된다.

merge

merge는 파일합치기라고 이해하면 된다. 간혹 여러 명의 연구자가 동일한 자료를 코딩한 자료원을 합칠 때 아주 유용한 명령어이다. merge는 예제데이터 파일(Example datasets installed with Stata, Stata 16 manual datasets) 중 Stata 16 manual datasets에 있는 Data Management Reference Manual [D]에 merge가 가능한 예제파일이 있다(overlap1과 overlap2).

그림 2-18 merge 실행

이제 ovelap1.dta와 overlap2.dta 예제파일을 활용하여 merge를 해 보자.

overlap1은 id를 sort하고, 이를 temp로 임시저장한다. 그 다음 overlap2을 읽어들여 id를 기준으로 merge m:m를 하면 2개의 자료를 합칠 수 있다. 이것이 merge이다. merge는 using자료에 가서 키변수로 지정한 값에 맞는 관측치를 찾아서 master자료로 가져온다.

```
. use http://www.stata-press.com/data/r16/overlap1.dta

. des

Contains data from http://www.stata-press.com/data/r16/overlap1.dta
  obs:          15
  vars:          4                          31 Mar 2018 10:49
              storage   display    value
variable name   type    format    label    variable label

id            float    %9.0g
seq           float    %9.0g
x1            float    %9.0g
x2            float    %9.0g

Sorted by:
```

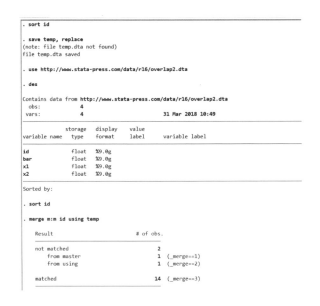

merge 결과값은 다음과 같다.

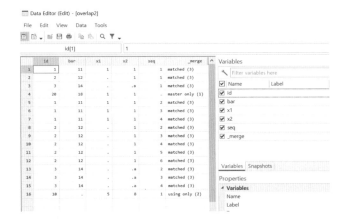

separate

separate는 한 변수를 다른 범주형 변수로 분리할 때 사용하는 명령어이다. 아래에서 설명하고 있듯이, 국산차와 외국차를 비교할 수 있다.

```
. sysuse auto.dta
(1978 Automobile Data)

. separate mpg, by(foreign)
```

variable name	storage type	display format	value label	variable label
mpg0	byte	%8.0g		mpg, foreign == Domestic
mpg1	byte	%8.0g		mpg, foreign == Foreign

· list foreign mpg*, nolabel sepby(foreign)

	foreign	mpg	mpg0	mpg1
1.	0	22	22	.
2.	0	17	17	.
3.	0	22	22	.
4.	0	20	20	.
5.	0	15	15	.
6.	0	18	18	.
7.	0	26	26	.
53.	1	17	.	17
54.	1	23	.	23
55.	1	25	.	25
56.	1	23	.	23
57.	1	35	.	35
58.	1	24	.	24
59.	1	21	.	21
60.	1	21	.	21
61.	1	25	.	25
62.	1	28	.	28
63.	1	30	.	30
64.	1	14	.	14
65.	1	26	.	26
66.	1	35	.	35
67.	1	18	.	18
68.	1	31	.	31
69.	1	18	.	18
70.	1	23	.	23
71.	1	41	.	41
72.	1	25	.	25
73.	1	25	.	25
74.	1	17	.	17

위 분석결과는 그래프로 그릴 수 있는데, plot를 활용하면 된다. 아래 그림은 plot 1이고, 동일한 과정을 거치면 된다. 다만 plot 2에서 if/in에서 foreign==1 을 적용하면 된다.

이를 적용하면 결과창에 다음과 같은 명령어가 표시된다.

그림 2-19   그래프 그리기 결과창

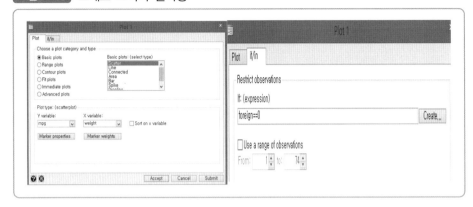

위 과정을 적용하게 되면 결과 창에 아래의 명령어가 표시되고 다음의 그래 표가 그려진다.

· twoway (scatter mpg weight if foreign==0) (scatter mpg weight if foreign==1)

그림 2-20   그래프(산점도)

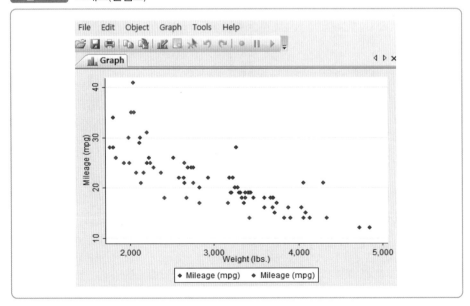

2.4 데이터 형식전환

Stata의 데이터 파일은 *.dta 형식이다. 데이터 파일이 dta 이외의 형식이라면 dta형식으로 변환이 필요하다. 대표적인 방법은 import 기능이다.

다만, Stata-Transfer(최신버전 11)은 유료로 판매된다. 하지만, 연구자가 굳이 유료로 구매할 필요까지는 없다고 본다. 왜냐하면, data 교환이 잘 되기 때문이다 (Xlsx ↔ Stata). 아래의 그림은 다양한 형식의 파일을 상호 형식전환이 가능한 Stata-Transfer에 관해 간략히 설명한 것이다(http://www. stata.com/products/stat -transfer).

그림 2-21 Stata-Transfer에서 형식전환이 가능한 파일들

1-2-3	Paradox
Microsoft Access (Versions 2.0 through Office XP version)	Quattro Pro for DOS and Windows
dBASE (all versions)	R
Delimited ASCII	RATS NEW
Delimited ASCII with a Stat/Transfer SCHEMA file	S-PLUS (now supported through version 7)
Data Documentation Initiative (DDI) Schemas NEW	SAS CPORT datasets and catalogs (read only)
Epi Info	SAS for Unix—HP, IBM, Sun
Excel worksheets (all versions, including Excel 2010)	SAS for Unix—DEC Alpha
Fixed format ASCII	SAS for Windows and OS/2
FoxPro	SAS PC/DOS 6.04 (read only)
GAUSS (Windows and Unix)	SAS Transport
JMP	SAS Value Labels
LIMDEP	SAS Version 7–9
MATLAB	SPSS through Version 19 NEW
MATLAB Seven Datasets	SPSS Datafiles (Windows and Unix)
Mineset	SPSS Portable Files
Minitab 14 (read only) NEW	Stata (all versions, including 12) NEW
MPLUS (write only) NEW	Statistica Versions 7–8 (Windows only)
NLOGIT	SYSTAT (Windows and Mac)
ODBC data sources (Oracle, Sybase, Informix, etc.)	Triple-S Survey Interchange Format
Open Document Spreadsheets NEW	

Stat-Transfer가 유료로 제공되는 만큼 본 절에서는 Stata의 import와 export 기능을 설명한다. 이 두 가지 기능을 활용하여 ASCII, Excel, SAS, SPSS형식의 파일로 변환저장이 가능하다. 이를 import라 부른다. 반대로 Stata 데이터 파일을 다른 통계프로그램에 사용하기 위해 텍스트(txt)파일로 저장하는 과정을 export라 부른다. 저자의 견해로는 import와 export만 활용해도 별 문제없이 데이터 가공

이 가능하다고 본다.

가장 흔히 사용하는 방법은 Excel과 SPSS파일에서 Stata파일(.dta)로 변환하는 방법이 있는데 이를 알아보면 다음과 같다. 구체적으로 명령문과 메뉴를 통한 방법이 있는데, 명령문을 통한 자료변환 방법을 알아보자.

먼저 기존의 엑셀(xls)파일을 연 다음 엑셀메뉴에서 파일> 다른 이름으로 저장을 선택한 후 파일형식을 텍스트(텝으로 분리)를 선택하여 저장하면 된다. 파일이 저장된 위치는 c:\data\example_1.txt이다.

그림 2-22 파일저장

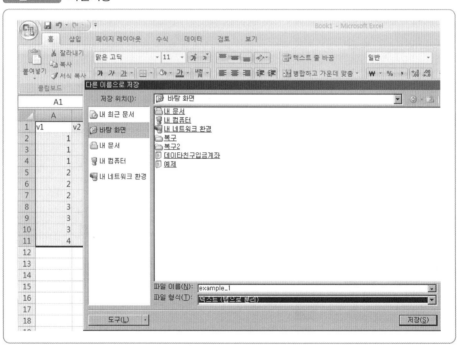

위 과정을 거친 후 Stata에서 다음과 같은 명령어를 입력하면 파일변환이 된다. 텍스트파일을 불러들이는 명령어 insheet using 다음에 쉼표(,)에 이어 불러들일 파일의 디렉토리를 지정한다. 그 다음 옵션으로 clear를 사용하면 메모리에 로딩된 기존데이터 파일을 제거하게 되고 새로운 파일이 생성된다.

아래의 insheet using “c:\data\example_1.txt”, clear를 실행하면 7개의 변수, 30개의 표본이 정확히 변환되었음을 확인할 수 있다.

```
. insheet using "c:\data\example_1.txt", clear
(7 vars, 30 obs)
```

그림 2-23 insheet 실행

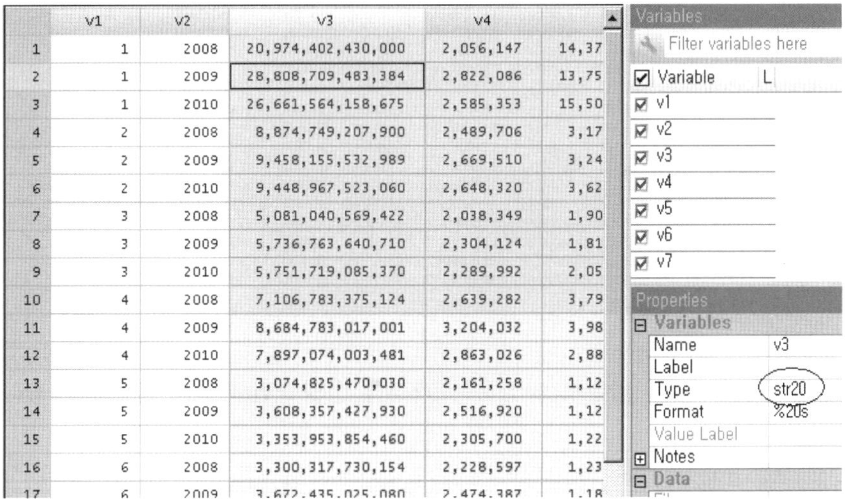

	v1	v2	v3	v4	
1	1	2008	20,974,402,430,000	2,056,147	14,37
2	1	2009	28,808,709,483,384	2,822,086	13,75
3	1	2010	26,661,564,158,675	2,585,353	15,50
4	2	2008	8,874,749,207,900	2,489,706	3,17
5	2	2009	9,458,155,532,989	2,669,510	3,24
6	2	2010	9,448,967,523,060	2,648,320	3,62
7	3	2008	5,081,040,569,422	2,038,349	1,90
8	3	2009	5,736,763,640,710	2,304,124	1,81
9	3	2010	5,751,719,085,370	2,289,992	2,05
10	4	2008	7,106,783,375,124	2,639,282	3,79
11	4	2009	8,684,783,017,001	3,204,032	3,98
12	4	2010	7,897,074,003,481	2,863,026	2,88
13	5	2008	3,074,825,470,030	2,161,258	1,12
14	5	2009	3,608,357,427,930	2,516,920	1,12
15	5	2010	3,353,953,854,460	2,305,700	1,22
16	6	2008	3,300,317,730,154	2,228,597	1,23
17	6	2009	3,672,435,025,080	2,474,387	1,18

그런데 문제는 기존의 엑셀파일에서는 분명히 숫자였으나 문자(str20)로 인식하고 있다. 이러한 경우는 종종 발생하게 되는데, 이때 변수의 변환과정이 필요하다(destring은 추후 설명).

반대로 outsheet using “c:\data\example_1.txt”, nolabel replace을 이용하면 파일을 내보낼 수 있다.

앞서 언급한 import와 export 기능을 알아두면 유용하게 활용할 수 있다. import는 엑셀 등의 파일자료로부터 불러들이기 기능이고, export는 Stata파일(파일확장자 명이 .dta임)을 엑셀 등의 파일자료로 보내기 기능이며 저장이 가능하다.

import

이제 엑셀 자료(.xls)를 Stata로 불러 들여보자. 편의상 저자가 통계작업 중인 파일(.xls)을 활용하여 Stata 파일(.dta)로 변경할 것이다. 아래 엑셀파일을 작업 중이라고 가정해보자(이 파일의 이름은 npc이다).

그림 2-24 data 파일(excel)

	A	B	C	D	E	F	G	H	I	J	K	L	M
1	id	year	g_debts	e_debts	bto_btl	self_revenue	dep_revenue	pop_	age65	population	ruling_part	elect_time	elect_time
2	1	2008	1.55E+12	1.08E+13	5.278E+11	1.43767E+13	2.18214E+12	10200827	8.72	16574	1	2	2
3	1	2009	3.1E+12	1.63E+13	4.605E+11	1.37527E+13	2.95045E+12	10208302	9.16	16582	1	2	2
4	1	2010	3.78E+12	1.62E+13	2.764E+11	1.55048E+13	2.29422E+12	10312545	9.72	16593	1	2	2
5	1	2011	3.15E+12	1.75E+13	3.1829E+11	1.55418E+13	2.33268E+12	10249679	10.19	16941.6	1	2	2
6	1	2012	2.95E+12	1.83E+13	3.157E+11	1.60404E+13	2.48318E+12	10195318	10.84	16851.7	2	1	1
7	1	2013	5.28E+12	2.30E+13	3.276E+11	1.58179E+13	3.05878E+12	10143645	11.45	16761	2	1	1
8	2	2008	2.43E+12	1.79E+12	7.219E+11	3.17823E+12	2.8632E+12	3564577	10.21	4566	1	3	2
9	2	2009	2.72E+12	2.17E+12	9.494E+11	3.24163E+12	3.52207E+12	3543030	10.77	4531	1	3	2
10	2	2010	2.92E+12	2.48E+12	7.5814E+11	3.62726E+12	3.27313E+12	3567910	11.26	4493	1	3	2
11	2	2011	2.81E+12	2.63E+12	3.517E+11	3.57761E+12	3.39762E+12	3550963	11.77	4623.65	1	3	2
12	2	2012	2.76E+12	2.47E+12	2.13E+11	3.7043E+12	3.5136E+12	3538484	12.5	4595.434	1	3	2
13	2	2013	2.78E+12	3.30E+12	2.1378E+11	3.84256E+12	3.43746E+12	3586079	13.25	4666	1	3	2
14	3	2008	1.8E+12	6.52E+11	38750000000	1.90111E+12	1.73464E+12	2492724	9.32	2779	1	2	2
15	3	2009	2.05E+12	7.09E+11	71560000000	1.81542E+12	2.17162E+12	2489781	9.73	2764	1	2	2
16	3	2010	2.09E+12	9.36E+11	95188000000	2.05011E+12	2.06813E+12	2511676	10.03	2750	1	2	2

위 파일을 Stata 파일로 저장하는 과정을 설명하면 다음과 같다.

그림 2-25 파일변환 작업창

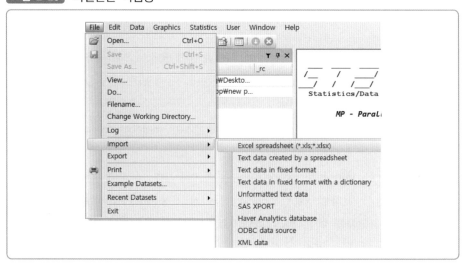

위 파일을 Stata 파일로 저장하는 과정을 설명하면 다음과 같다. 파일을 불러 올 경우 file — import — excel spreadsheet(*.xls; *.xlsx)를 클릭하면 아래와 같 은 대화창이 나타난다.

그림 2-26 import 대화창

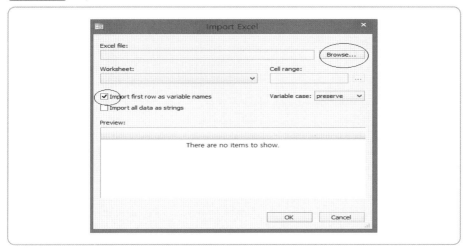

먼저 Browse를 클릭하면 아래와 같은 대화창이 나타난다.

그림 2-27 data 변환전 파일정보

좀 전에 설명한 npc파일을 활용하면 된다([그림 2-27] 참고).
이제 npc파일을 더블 클릭하면 Stata파일로 변경이 완료된다.

그림 2-28 import 대화창(변환과정)

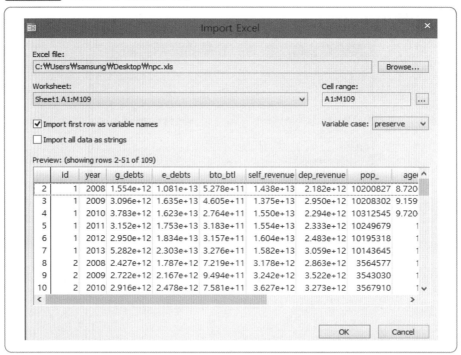

이제 마지막 단계에서 OK를 클릭하게 되면 Stata 변수창에 파일이 완전하게
저장된다. 이때 ☑ 표시된 Import first row as variable names는 변수 변환시 첫
줄에 기존의 변수명(id, year, … , elect_time_1 등)을 동일하게 붙여넣으라는 명령
이다. ☑를 체크하지 않으면 기존 변수는 하나의 변수로 인식하고 변수 V1, V2,
V3, …로 표시되어 분석을 위해 또 다른 수고가 따른다(변수명이 표시되지 않음).

그림 2-29   초기화면 (변수창)

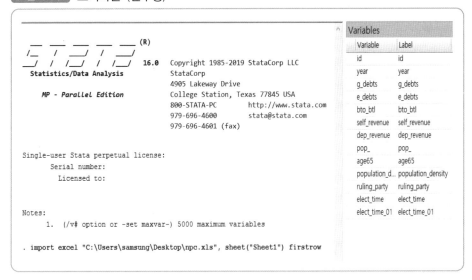

최종적으로 결과창을 확인해보면 다음과 같은 명령문이 나타난다.

. import excel "C:\Users\samsung\Desktop\npc.xls", sheet("Sheet1") firstrow

또한 우측 변수창에는 변수명과 라벨이 표시된다.

이제 이 파일을 영구적으로 보관하기 위한 하나의 작업이 남아 있다. 이 파일을 Stata 파일로 영구 저장하는 절차는 다음과 같다.

그림 2-30 Stata 파일 저장(1)

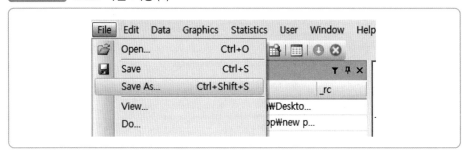

위에서 설명하고 있듯이, File-Save As를 클릭하면 저장할 대화창이 표시되는데 편의상 바탕화면에 new public choicd 2015.dta로 저장한다.

그림 2-31 Stata 파일 저장(2)

위 그림과 같이 new public choicd 2015를 입력하고 "저장"을 클릭하면 결과창에 다음과 같은 명령문이 표시되고 완전히 저장되었음을 알려준다.

. save "C:\Users\samsung\Desktop\new public choicd 2015.dta"

　file C:\Users\samsung\Desktop\new public choicd 2015.dta saved

export

반대의 경우, 파일을 내보내야 할 때 활용하는 명령어는 export이다.

File-Export를 클릭하면 아래와 같은 대화창이 뜬다. 맨 위쪽 변수부분을 공란으로 두면 모든 변수를 그대로 옮긴다는 것과 동일하게 인식한다(필요시 지정이 가능함). 그 아래 Excel filename란의 Save As를 클릭하면 대화창이 뜨는데, 파일을 저장할 위치와 파일 이름을 입력하고 저장하면 된다(편의상 npc1으로 변경해보자). 맨 마지막 단계에서 아래 그림의 "저장"을 클릭하면 그 과정이 끝난다. 변경이 완료되었는지 확인하기 위해서는 결과창을 확인하면 된다.

. export excel using "C:\Users\samsung\Desktop\npc1.xls", firstrow(variables)

　file C:\Users\samsung\Desktop\npc1.xls saved

그림 2-32 export 대화창

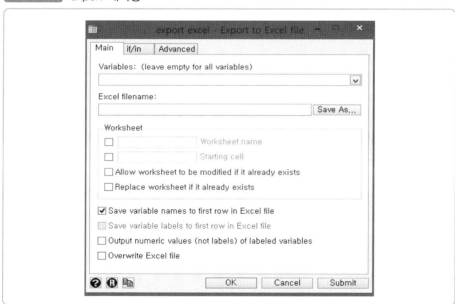

위 그림에서 ☑ 표시된 Save variable names to first row in Excel file은 엑셀파일형태로 저장할 때 첫줄의 변수명을 동일하게 저장하라는 의미이다.

reshape

Stata는 데이터의 형식을 상호변환(wide → long, long → wide)할 수 있어 편리하다. 일반적으로 패널분석을 위해서는 long type으로 데이터를 변경해야 한다. 본 절에서는 wide type을 long type으로 변경하는 방법에 대해 알아본다. 이를 위해 사용된 예제데이터 파일은 reshape1.dta이다.

먼저 변경 전의 데이터 파일은 아래 그림과 같다.

그림 2-33 변경 전 데이터(wide type)

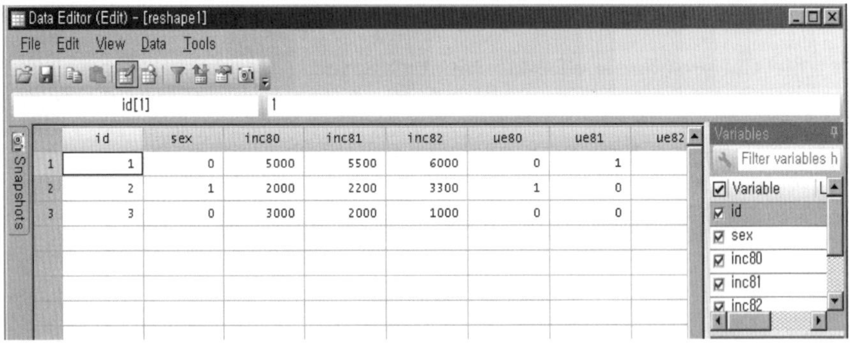

변경 전 데이터를 보면 wide type이고, 저자가 임의로 구성한 3개의 id에 inc 80-82, ue80-82가 있다.

db reshape

db reshape는 데이터를 변경(wide → long)하기 위한 명령어이다. 이 명령어를 적용하면 다음과 같은 대화창이 나타나는데, 대화창의 메인 탭에서 long format from wide를 선택하면 된다. ID variable에는 id를 지정한 후 Base(stub)란에 변경하고자 하는 변수를 넣는데, 변수명(inc, ue) 뒤에 2자리(80, 81, 82)는 연도에 해당하기 때문에 Subobservation에는 시간변수인 연도(year)를 표시하면 된다.

그림 2-34 reshape 대화창

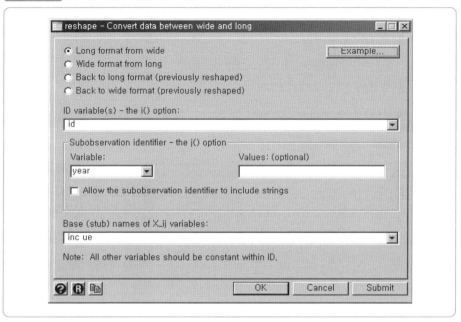

그림 2-35 파일변환(wide → long type)

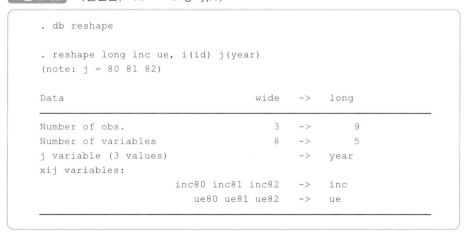

```
. db reshape

. reshape long inc ue, i(id) j(year)
(note: j = 80 81 82)

Data                                wide   ->   long
─────────────────────────────────────────────────────
Number of obs.                         3   ->      9
Number of variables                    8   ->      5
j variable (3 values)                      ->   year
xij variables:
                        inc80 inc81 inc82  ->   inc
                          ue80 ue81 ue82   ->   ue
─────────────────────────────────────────────────────
```

위 분석결과를 요약하면 3개 표본이 9개 표본으로 변경되었다. 이는 id별로 3개의 연도변수가 만들어졌기 때문이다. 그 아래 변수는 id, sex, inc80-82,

ue80-82 총 8개의 변수에서 id, year, sex, inc, uc 총 5개의 변수가 생성이 되었
으며, Xij에서 6개 변수(inc80, inc81, inc82, ue80, ue81, ue82)가 2개 변수(inc, ue)로
변환되었다.

그림 2-36 변경 후 데이터(long type)

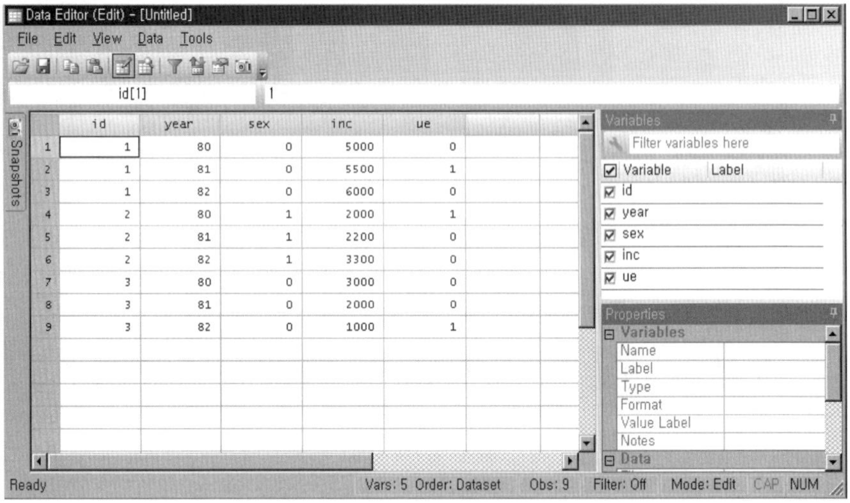

실행결과를 보면 시간 변수이름은 지정한 대로 year로 변경이 되었고, 시간
에 따라 변하는 변수인 inc와 ue가 동일하게 변경이 되었다.

destring

```
. insheet using "c:\data\example_1.txt", clear
(7 vars, 30 obs)
```

53페이지의 [그림 2-23]과 같이 insheet 명령어를 활용하여 엑셀파일을 불러
올 때 원래 데이터는 분명 숫자였는데, Stata파일에서 문자(str)로 인식되는 경우가
있다. Stata에서 이를 알 수 있는 한 가지 방법은 색깔을 통해서인데 그림에서 보
는 바와 같이 음영으로 표시되어 있다.

이러한 경우에 사용하는 명령어가 바로 destring(문자일 경우 빨간색으로 표시

됨)이다. 즉, 숫자로 된 문자를 숫자로 변환하기 위한 명령어이다. 반대로 숫자를 문자로 변환하는 명령어는 tostring이다. 아래의 그림은 destring과 tostring의 옵션을 설명하고 있다.

그림 2-37 destring / tostring 옵션

destring_options	Description
* generate(newvarlist)	generate newvar_1, ..., newvar_k for each variable in varlist
* replace	replace string variables in varlist with numeric variables
ignore("chars")	remove specified nonnumeric characters
force	convert nonnumeric strings to missing values
float	generate numeric variables as type float
percent	convert percent variables to fractional form
dpcomma	convert variables with commas as decimals to period-decimal format

* Either generate(newvarlist) or replace is required.

tostring_options	Description
* generate(newvarlist)	generate newvar_1, ..., newvar_k for each variable in varlist
* replace	replace numeric variables in varlist with string variables
force	force conversion ignoring information loss
format(format)	convert using specified format
usedisplayformat	convert using display format

* Either generate(newvarlist) or replace is required.

종종 엑셀에서 Stata로 파일을 변환하는 과정에서 숫자가 문자로 바뀌는 경우가 있다. 숫자를 문자로 바꾸는 tostring, 문자를 숫자로 바꾸는 destring의 명령어이며, 다음과 같다.

그림 2-38 destring / tostring 실행

```
. tostring v1, gen (aa)
aa generated as str2

. destring aa, gen (bb)
aa has all characters numeric; bb generated as byte
```

그림 2-39 tostring 실행결과

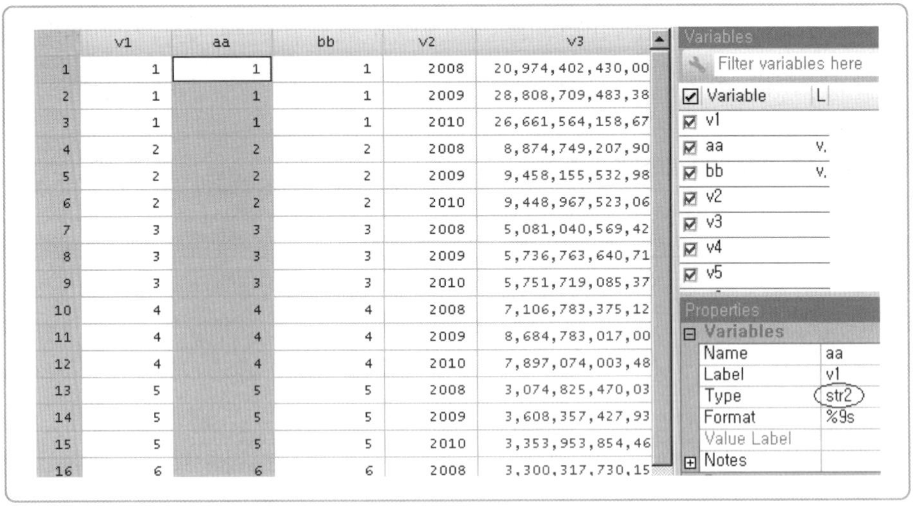

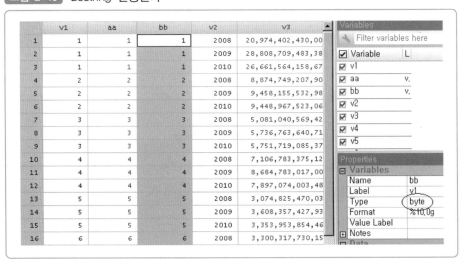

그림 2-40 destring 실행결과

이렇듯 aa는 문자변수로 bb는 숫자변수로 바뀐 것을 알 수 있다. 한편 숫자가 아닌 문자를 숫자로 변환하려면 encode를 사용하면 된다.

decode, encode

decode는 숫자를 문자로 변환할 수 있고 encode는 문자를 숫자로 변환할 수
있다.

그림 2-41 decode / encode 실행

```
. sysuse nlsw88.dta
(NLSW, 1988 extract)

. decode race, gen(race1)

. encode race1, gen(race2)
```

그림 2-42 decode / encode 실행결과

	hours	ttl_exp	tenure	race1	race2
1	48	10.33333	5.333333	black	black
2	40	13.62179	5.25	black	black
3	40	17.73077	1.25	black	black
4	42	13.21154	1.75	white	white
5	48	17.82051	17.75	white	white
6	30	7.326923	2.25	white	white
7	40	19.04487	19	white	white
8	45	15.55769	14.16667	white	white
9	8	14.25	5.5	white	white
10	50	7.384615	2.25	white	white
11	16	15.76923	8.416667	white	white
12	40	16.38461	13.83333	white	white
13	40	7.75	7.75	white	white
14	40	14.21154	5.583333	white	white
15	4	15.85897	4.666667	white	white
16	32	15.01282	3	white	white
17	45	15.34616	8.083333	white	white
18	24	16.46795	3.416667	white	white

Variables: Variable, idcode, age, race, married, never_married, grade, collgrad

Properties — Variables: Name race2, Label race, Type long, Format %8.0g, Value Label race2, Filename nlsw88.dta, Label NLSW, 1988 extract

[그림 2-42]는 decode 명령어를 활용하여 race1은 숫자를 문자로 변환하였
고, 반대로 race2는 encode 명령어를 활용하여 문자(race1)를 숫자(race2)로 변환
한 결과이다. encode나 decode를 활용할 때 라벨까지 바꾸고 싶으면 label를 추

가하면 된다(예: encode race1, gen(race2) label(racelbl)).

2.5 데이터관리(자료만지기)

encode, rename, drop과 keep, preserve와 restore

Stata data는 일반적으로 문자변수와 숫자변수로 구성되어 있다. 어떤 변수는 문자변수일 경우가 있다. 일반적으로 gender 변수는 male과 female로 구분된다. 상황에 따라서는 이러한 문자변수를 숫자변수로 바꿀 필요가 있다. 예컨대, 변수 male은 1로, female은 2로 변경하는 경우이다. 이때 encode를 활용해야 한다. 변수명을 지정하지 않으면 일반적으로는 v1, v2 등으로 생성된다. 변수(v1)를 변수명(gender)으로 바꾸려 할 때 활용되는 명령어는 rename이다(rename v1 gender). 경우에 따라 변수를 없애거나 남길 때가 있는데, 이 명령어는 drop과 keep 명령어이다. 예컨대, x 변수를 없애버린다면 drop x를, 반대로 남기고 싶으면 keep x를 입력하면 된다.

Stata의 자료저장 체계는 RAM에 저장하고 사용하기 때문에 서로 다른 데이터를 한번에 RAM에 올려 놓고 사용하는 것이 불가능하다. 예컨대 auto.dta를 사용하다가 census.dta를 사용할 경우가 있다. 이 경우 auto.dta를 지워 버리고 census.dta를 불러 들여야 하는데, auto.dta를 다른 곳에 저장했다(preserve)가 다시 불러 들여야(restore) 한다. 16버전부터 서로 다른 데이터를 한꺼번에 불러들일 수 있다.

날짜와 시간변수, 문자변수

날짜 형식은 %td로 시작한다. %td만 지정한 d2는 04oct2014로 표시된다. %tdDD.NN.YY로 지정한 d3는 04.10.14로 표시된다. 또한 %tdNN/DD/CCYY로 지정한 d4는 10/04/2014로 표시된다.

```
. clear

. set obs 1
number of observations (_N) was 0, now 1

. gen d1=20000

. gen d2=d1

. gen d3=d1

. gen d4=d1

. format d2 %td

. format d3 %tdDD.NN.YY

. format d4 %tdNN/DD/CCYY

. list, clean

          d1        d2         d3          d4
  1.   20000   04oct2014   04.10.14   10/04/2014
```

recode(변수 재코딩)

recode는 범주형 변수의 코드를 변경하거나, 연속형 변수에서 범주형 변수를 생성할 때 유용한 명령어이다(nlsw88.dta자료 활용).

```
. sysuse nlsw88.dta
  (NLSW, 1988 extract)

. recode c_city (1=1)(0=2), gen(citylive)
  (1591 differences between c_city and citylive)
```

위 명령어를 간략히 설명하면 기존 변수 c_city는 새로운 변수 citylive로 변경함과 동시에 c_city 1은 1로, 0은 2로 코딩하라는 의미이다. 그 결과는 다음과 같다.

다만, 위와 같이 변수를 생성할 경우 변수의 세부정보를 정확하게 확인할 수 없다. 따라서 생성되는 새로운 변수에 라벨값을 추가할 수 있는데 그 명령어는 다음과 같다.

. recode c_city (1=1 "수도권")(0=2 "비수도권"), gen(citylive)
(1591 differences between c_city and citylive)

. label variable citylive "거주자의 주거지역"

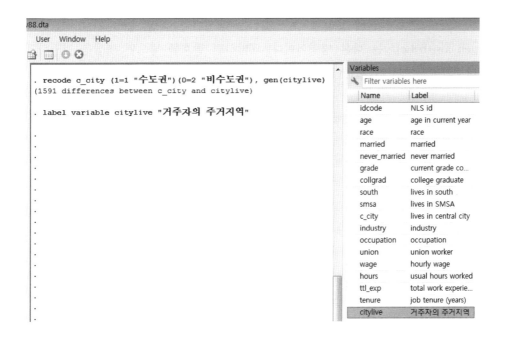

save와 replace

save 명령어는 메모리에 있는 데이터를 하드디스크의 파일로 저장하는 방식이다. 데이터셋을 저장하면 옵션으로 replace가 적용된다. replace는 데이터의 변경사항을 저장하는 방식이다.

. *save "C:\ado\base/n/nlsw88.dta", replace*
  file C:\ado\base/n/nlsw88.dta saved

산술연산자와 함수

산술연산자는 ^ 거듭제곱, * 곱셈, / 나눗셈, + 덧셈, - 뺄셈이 있다. 연산순서는 방금 나열한 순서가 된다. 다시 말해 거듭제곱은 곱셈과 나눗셈보다 먼저 연산하고, 나머지 덧셈과 뺄셈의 순서가 된다. 예를 들어 gen bmi=weight/(height^2)라면 괄호안의 height^2가 나눗셈보다 먼저 계산된다. 거듭제곱이 나눗셈보다 우선하지만 꼭 괄호가 필요한 것은 아니다.

gen a=b+c/y와 gen a=b+(c/y)는 동일하다. 다만 gen a=b+(c/y)과 gen a=(b+c)/y는 다른 명령어이다. 왜냐하면 괄호를 넣으면 덧셈을 먼저하고 나눗셈을 수행하기 때문이다.

다양한 함수를 생성할 때 그 함수의 예는 다음과 같다.

gen y=round(5.8)	반올림 = 6
gen y=round(5.8, 0.25)	= 5.75
gen y=int(5.8)	5.8의 정수값 = 5
gen y=floor(-5.8)	내림 = -6
gen y=ceil(5.8)	올림 = 6
gen y=mod(5, 2)	5를 2로 나눈 나머지 = 1
gen y=abs(5.8)	절댓값 |5.8|
gen y=exp(x)	지수함수, ex
gen y=ln(x) or gen y=log(x)	자연로그
gen y=log10(x)	10을 밑수로 하는 상용로그
gen y=logit(p)	로짓함수
gen y=invlogit(x)	역로짓함수
gen y=sqrt(x)	제곱근
display chi2tail(df, chi2)	chi2tail(1, 3.84) = 0.05
display chi2tail(df, pr)	invchi2tail(1, 0.05) = 3.84
display normal(z)	normal(-1.96) = 0.025
display invnormal(pr)	invnormal(0.025) = -1.96
display ttail(df, t)	ttail(20, 2.09) = 0.025
display invttail(df, pr)	ttail(20, 0.025) = 2.09

group( )

group( )은 두 개 이상의 변수를 그룹핑하여 층화분석시 유용한 명령어이다. 예를 들어 a변수는 두 개의 범주이고, b변수는 세 개의 범주로 구성되어 있다면 ab변수는 여섯 개의 범주를 갖게 된다.

. *egen ab = group(a b), label*

cut( )

cut( )은 연속변수를 같은 간격으로 그룹핑해주는 명령어이다. 숫자목록에
최댓값(30)을 포함시켜야 한다. 그렇지 않으면 20이상은 결측치로 코딩된다. 예를
들어, 아래 명령어를 실행하면(**egen trunkgr=cut(trunk), at(0 5(10) 20 30)
label**) 그 구간은 다음과 같다(auto.dta활용).

trunk	trunkgr
0≤trunk<5	0
5≤trunk<15	5
15≤trunk<25	15
25≤trunk<35	25

명시적 첨자의 활용

trunk	현재 관찰값
trunk[_]	현재 관찰값
trunk[1]	첫 번째 관찰값
trunk[_N]	마지막 관찰값
trunk[_n-1]	바로 전 관찰값(lag)
trunk[_n+1]	바로 다음 관찰값(lead)
trunk[25]	25번째 관찰값

rename과 order

경우에 따라, 변수의 이름을 바꾸거나, 변수의 순서를 정렬할 때가 있다. 변
수의 이름 변경은 rename 명령어를 사용하면 된다(rename gender sex: gender를
sex로 바꿈). 또한 데이터셋에 있는 변수를 정렬하고자 할 때 order 명령어를 사용
한다. 예를 들어, 알파벳 순서로 변수를 정렬하려면 다음과 같다.

. *order_all, alphabetic*

경우에 따라서는 기본변수와 보조변수를 정렬할 필요가 있는데, 아래와 같이 sort명령어 weight length, stable을 입력하면, weight를 기준으로 오름차순으로 정렬된다.

. *sort weight length, stable*

	weight	length
	length[36]	193
1	1,760	149
2	1,800	147
3	1,800	157
4	1,830	142
5	1,930	155
6	1,980	154
7	1,990	156
8	2,020	165
9	2,040	155
10	2,050	164
11	2,070	174
12	2,110	163
13	2,120	163
14	2,130	161

동일하게 내림차순으로 변수를 정렬하고자 한다면, gsort-weight length을 입력하면 된다. 다만 gsort는 옵션(stable)이 적용되지 않는다.

. *gsort-weight length*

Data Editor (Edit) - [auto.dta]

File   Edit   View   Data   Tools

16R x 2C   4840

	headroom	trunk	weight	length	turn	displacement
1	3.5	22	4,840	233	51	400
2	2.5	18	4,720	230	48	400
3	4.0	20	4,330	221	44	425
4	3.0	13	4,290	204	45	350
5	3.0	16	4,130	217	45	302
6	4.0	20	4,080	222	43	350
7	3.5	16	4,060	221	48	302
8	4.0	20	4,060	220	43	350
9	3.5	17	4,030	206	43	350
10	3.5	16	3,900	204	43	350
11	3.5	17	3,880	207	43	231
12	3.5	15	3,830	201	41	302
13	4.5	21	3,740	220	46	225

2.6 예제데이터 활용

쉬어 가기 예제데이터파일 활용법

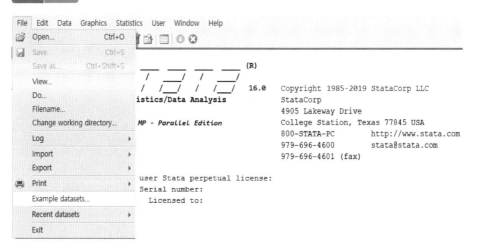

이제 예제데이터 활용법에 대해 알아보자. 위 그림에서와 같이 예제데이터를 활용하려면 File > Example datasets...을 클릭하면 되는데, 아래 그림과 같은 대화창이 나온다. 예제 데이터 파일의 구성은 두 가지인데, 시스템에 탑재된 데이터파일(Example datasets installed with Stata)과 매뉴얼별로 구분된 데이터 파일(Stata 16 manual datasets)이 있다.

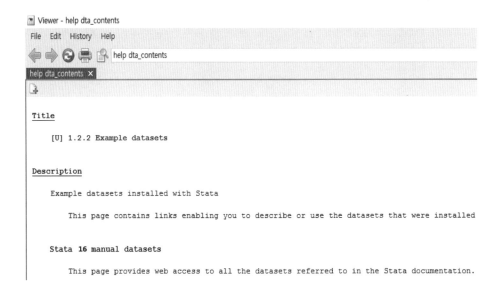

이미 설명한 r16/uslifeexp.dta 파일을 활용하려고 한다 이를 위해 시스템에 탑재된 파일(Example datasets installed with Stata)을 클릭해야 하는데, 세부 내용은 다음과 같다.

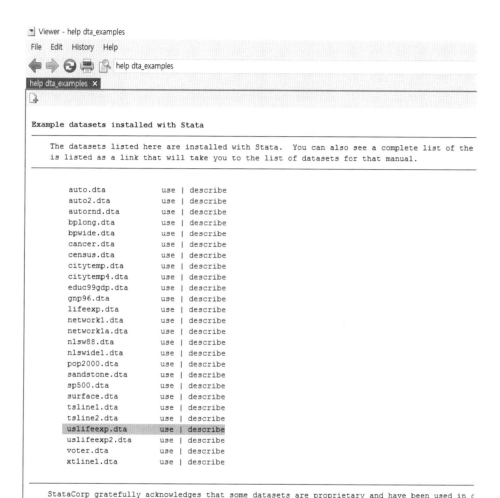

시스템에 탑재된 예제데이터 파일은 위 그림에서 보는 것처럼 그리 많지는 않다. 여기서 활용하려는 예제데이터 파일은 음영으로 처리되어 있는데, 이 예제 데이터파일을 곧 바로 활용하려면 "use"를 클릭하면 된다. 또한 바로 옆에 있는 "describe"를 클릭하면 예제파일의 전체 변수의 상세정보를 확인할 수 있다. 예제 데이터파일을 바로 활용하기 위해 "use"를 선택하면 되고, 아래 그림과 같이 변수 창에 변수가 생성되어있음을 알 수 있다.

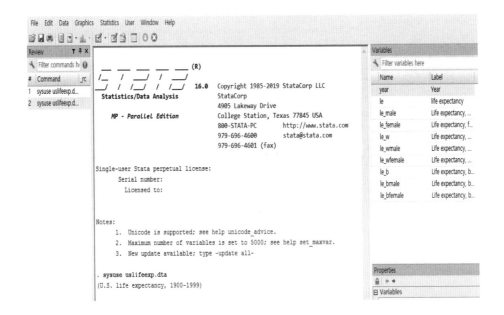

다시 말해, 우측 변수창에 year, le, ..., le_bfemale 등의 변수를 확인할 수 있다. 이제 분석이 가능하다는 이야기다.

한편, 매뉴얼별 통계분석방법 등으로 구분하여 데이터 셋이 구성되어 있는데, 다음과 같다(실제로는 아주 다양한 분석기법이 있다. 예컨대, 종단면 자료를 분석하려면 [XT]를 클릭하면 된다).

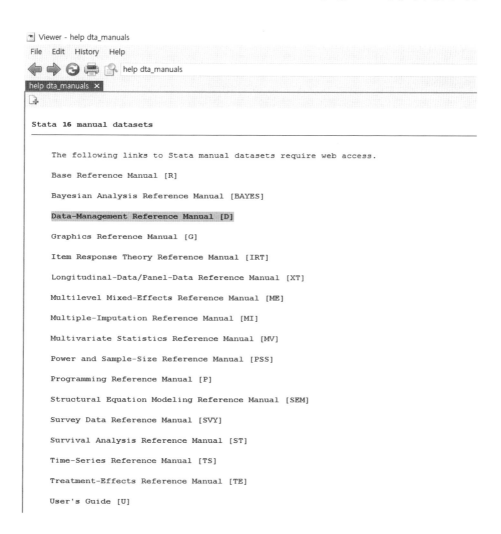

편의상 Data-Management Reference Manual [D]을 활용해보자. Data-Management Reference Manual [D]을 클릭하면 아래와 같은 다양한 예제데이터 파일을 확인할 수 있다.

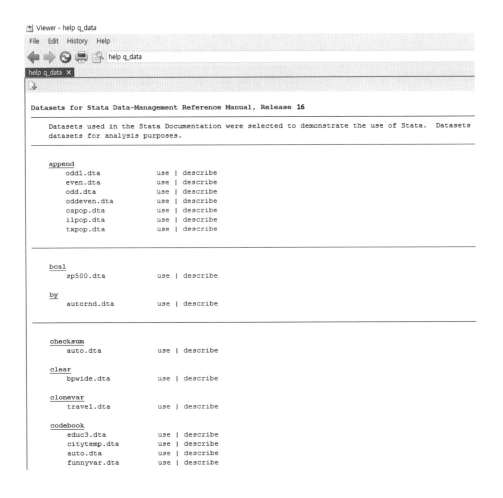

본 절에서는 예제데이터 r16/uslifeexp.dta를 활용한다. 변수로 활용된 남자의 기대수명(le_male), 여자의 기대수명(le_female), 백인남자의 기대수명(le_male), 백인여자의 기대수명(le_female)간 신뢰도를 분석하고자 한다.

Main 탭에서 변수란에 4개의 변수를 지정하고 옵션 탭에서 평균 0, 분산 1을 선택한다. 이 과정은 표준화옵션이며 공분산을 이용한다. 크론바하 알파계수의 명령어는 alpha이고 2개 이상의 변수를 지정해야 한다.

제 3 장

기초통계와 상관관계분석

3.1 통계분석의 기초

3.2 상관관계분석

3.3 편상관계수분석: pcorr

3.4 스피어만 & 켄달타우 상관계수분석

3.5 그래프 그리기

통계분석의 기초

3.1.1 기술통계

그림 3-1 sum 실행

```
. sum price mpg rep78

    Variable |        Obs        Mean    Std. Dev.       Min        Max
-------------+---------------------------------------------------------
       price |         74    6165.257    2949.496       3291      15906
         mpg |         74     21.2973    5.785503         12         41
       rep78 |         69    3.405797    .9899323          1          5
```

 기술통계는 데이터의 기본적인 특성을 의미한다. Stata의 기술통계 명령어는 summarize; sum; su이며, 어느 명령어를 사용하여도 동일한 결과를 도출할 수 있다.

 Sum은 표본수, 평균, 표준편차, 최솟값, 최댓값 등 요약통계량을 알려준다. sum 명령어 다음에 연구자가 알아보고자 하는 변수를 지정해 주면 된다. 만약 변수를 지정하지 않고 sum만 입력하면 모든 변수(all)의 요약통계량이 제시되는데, 이는 [그림 3-2]와 같다.

그림 3-2 sum 실행(계속)

```
. sum

    Variable |      Obs       Mean    Std. Dev.       Min        Max
-------------+--------------------------------------------------------
        make |        0
       price |       74   6165.257    2949.496       3291      15906
         mpg |       74    21.2973    5.785503         12         41
       rep78 |       69   3.405797    .9899323          1          5
    headroom |       74   2.993243    .8459948        1.5          5
-------------+--------------------------------------------------------
       trunk |       74   13.75676    4.277404          5         23
      weight |       74   3019.459    777.1936       1760       4840
      length |       74   187.9324    22.26634        142        233
        turn |       74   39.64865    4.399354         31         51
displacement |       74   197.2973    91.83722         79        425
-------------+--------------------------------------------------------
  gear_ratio |       74   3.014865    .4562871       2.19       3.89
     foreign |       74    .2972973    .4601885          0          1
```

tabstat

tabstat 명령어는 지정된 변수(아래 foreign)의 분할된 요약 통계량(가장 단순한
형태의 평균)을 나타내 준다.

```
. tabstat mpg turn price, by(foreign)

Summary statistics: mean
  by categories of: foreign (Car type)

   foreign |       mpg       turn      price
-----------+--------------------------------
  Domestic |  19.82692   41.44231   6072.423
   Foreign |  24.77273   35.40909   6384.682
-----------+--------------------------------
     Total |   21.2973   39.64865   6165.257
```

또한, col(stat) 옵션을 사용하면 컬럼형태의 통계량을 나타내고 추가적인 옵
션으로 format (   )를 활용하면 추가적으로 포맷조절이 가능하다.

```
. tabstat mpg turn price, stat(n mean sd q) col(stat) format(%9.2f)
```

variable	N	mean	sd	p25	p50	p75
mpg	74.00	21.30	5.79	18.00	20.00	25.00
turn	74.00	39.65	4.40	36.00	40.00	43.00
price	74.00	6165.26	2949.50	4195.00	5006.50	6342.00

아래 표는 tabstat 명령어를 활용하여 요약통계표를 작성한 것이다. 옵션으로 longstub을 활용하면 오른쪽과 같이 산출된 통계량에 명칭을 표시한다. 그 명칭은 다음과 같은데, mean(평균), n(결측치가 아닌 관측치), sum(합계), min(최솟값), max(최댓값), range(범위), sd(표준편차), var(분산), cv(변이계수), semean(평균의 표준오차), skew(왜도), kurt(첨도), p1(1분위수) iqr(사분위 구간), q(사분위수) 등이다.

```
. tabstat mpg turn price, by(foreign) stat(n mean sd cv semean median)

Summary statistics: N, mean, sd, cv, se(mean), p50
  by categories of: foreign (Car type)
```

foreign	mpg	turn	price	foreign	stats	mpg	turn
Domestic	52	52	52	Domestic	N	52	52
	19.82692	41.44231	6072.423		mean	19.82692	41.44231
	4.743297	3.967582	3097.104		sd	4.743297	3.967582
	.2392352	.0957375	.5100278		cv	.2392352	.0957375
	.657777	.5502046	429.4911		se(mean)	.657777	.5502046
	19	42	4782.5		p50	19	42
Foreign	22	22	22	Foreign	N	22	22
	24.77273	35.40909	6384.682		mean	24.77273	35.40909
	6.611187	1.501082	2621.915		sd	6.611187	1.501082
	.2668736	.0423926	.4106571		cv	.2668736	.0423926
	1.40951	.3200317	558.9942		se(mean)	1.40951	.3200317
	24.5	36	5759		p50	24.5	36
Total	74	74	74	Total	N	74	74
	21.2973	39.64865	6165.257		mean	21.2973	39.64865
	5.785503	4.399354	2949.496		sd	5.785503	4.399354
	.2716543	.1109585	.478406		cv	.2716543	.1109585
	.6725511	.5114145	342.8719		se(mean)	.6725511	.5114145
	20	40	5006.5		p50	20	40

summarize / sum / su

좀 더 세부적인 데이터의 특성을 알고 싶으면 su(sum과 동일) 명령어 다음에 de(detail)옵션을 적용하면 된다. 예를 들어 백분위수 중 50%에 해당하는 값(39)은 물론 분산값, 왜도(skewness)와 첨도(kurtosis)에 대한 통계량까지 제공한다. 왜도와 첨도에 대한 세부적인 내용은 wikipedia를 참고하라([그림 3-5] 및 [그림 3-6] 참고).

그림 3-3 sum 실행

```
. sum age race married grade

    Variable |      Obs        Mean    Std. Dev.       Min        Max
-------------+--------------------------------------------------------
         age |     2246    39.15316    3.060002         34         46
        race |     2246    1.282725    .4754413          1          3
     married |     2246    .6420303    .4795099          0          1
       grade |     2244    13.09893    2.521246          0         18
```

그림 3-4 su 실행

```
. su age, de

                       age in current year
-------------------------------------------------------------
      Percentiles      Smallest
 1%          34              34
 5%          35              34
10%          35              34       Obs               2246
25%          36              34       Sum of Wgt.       2246

50%          39                       Mean          39.15316
                       Largest        Std. Dev.     3.060002
75%          42              45
90%          44              45       Variance      9.363614
95%          44              46       Skewness      .2003234
99%          45              46       Kurtosis      1.932389
```

왜도 값은 -∞ ~ ∞까지 분포를 보이는데 값이 0이면 좌우대칭인 분포이다. 일반적으로 왼쪽 꼬리가 긴 경우 -값을 가지고 우측 꼬리가 긴 경우에는 +값을 가진다. 한편 첨도는 얼마나 뾰쪽한지를 나타내는 통계량으로 일반적으로 첨도가 3보다 크면 정규분포에 비해 꼬리가 두텁고, 반대로 3보다 작으면 정규분포에 비해 꼬리부분이 더 가늘다.

그림 3-5 왜도

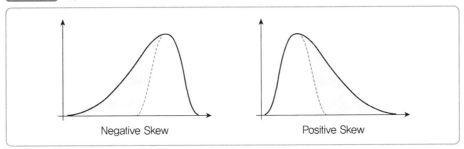

자료: http://en.wikipedia.org/wiki/Skewness

그림 3-6 첨도

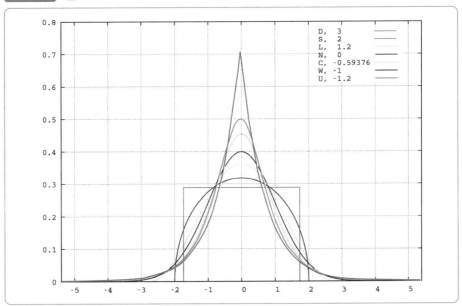

자료: http://en.wikipedia.org/wiki/Kurtosis

ref. **평균값, 중앙값, 표준편차**

1. 평균값은 $\bar{x}$로 표시한다. 즉 모든 자료를 더하여 관측치로 나누면 된다. 예를 들어 관측치가 5개이고 자료값이 5, 7, 3, 38, 7이라면 $\bar{x} = \dfrac{5+7+3+38+7}{5} = \dfrac{60}{5} = 12$이다.

2. 중앙값은 자료의 중앙에 위치한 값이다. 만약 자료의 수가 짝수가 아닌 경우 중앙에 위치하는 두 값의 산술평균을 구한다. 위 자료값을 그대로 사용하면 3, 5, 7, 7, 38로 중앙값은 7이 된다. 만약 자료의 수가 짝수일 경우로 3, 5, 6, 7이라면 중앙값은 $\dfrac{5+6}{2} = 5.5$가 된다.

3. 표준편차는 평균으로부터 산포를 측정한다. 예를 들어 위의 자료인 3, 5, 7, 7, 38인 경우는 표본분산은 다음과 같다.

$$S^2 = \frac{1}{n-1}\sum_{i=1}^{n}(x_i - \bar{x})^2$$

$$= \frac{(3-12)^2 + (5-12)^2 + (7-12)^2 + (7-12)^2 + (38-12)^2}{5-1}$$

$$= \frac{81+49+265+25+676}{4} = 214$$

표준편차를 구하기 위해 분산에 제곱근($S = \sqrt{S^2}$)을 취하면 $S = \sqrt{214} = 14.63$이 된다.

통계의 기본은 정규성(정규분포)을 가정한다. 따라서 정규성을 확인할 필요가 있다. 간혹 정규성을 확인하지 않은 채 가설을 검정할 경우가 많다. 정규성을 확인하는 방법은 다양하다(gladder 등).

describe

describe 명령어는 데이터 셋의 정보를 제공한다. 또한 label list 명령어를 이용하면 값 라벨이 나오는데, 저장형태, 포맷, 값라벨, 변수라벨 등을 나타내준다([그림 2-8] 참고).

· label list
  origin:
      0 Domestic
      1 Foreign

label list 명령어를 이용하면 값 라벨이 표시된 변수만 인식하여 세분화된 결과값을 보여준다.

codebook

codebook 명령어는 describe 명령어보다 변수에 관해 더 상세한 정보를 제공해준다. 실제 codebook 명령어를 활용하면 표준편차는 물론 분위수(10~90%)까지 보여준다. 다만 데이터 셋의 개요을 알고 싶으면 옵션으로 compact를 적용하면 되는데, 변수의 관측치 개수, 중복이 안 된(unique) 관측치의 개수, 최솟값 및 최댓값, 라벨에 대해 설명해준다. codebook은 summarize보다 변수에 관한 상세한 정보를 제공해 준다.

그림 3-7 codebook 실행

```
. codebook, compact

Variable      Obs Unique      Mean    Min    Max   Label

make           74     74         .      .      .   Make and Model
price          74     74  6165.257   3291  15906   Price
mpg            74     21   21.2973     12     41   Mileage (mpg)
rep78          69      5  3.405797      1      5   Repair Record 1978
headroom       74      8  2.993243    1.5      5   Headroom (in.)
trunk          74     18  13.75676      5     23   Trunk space (cu. ft.)
weight         74     64  3019.459   1760   4840   Weight (lbs.)
length         74     47  187.9324    142    233   Length (in.)
turn           74     18  39.64865     31     51   Turn Circle (ft.)
displacement   74     31  197.2973     79    425   Displacement (cu. in.)
gear_ratio     74     36  3.014865   2.19   3.89   Gear Ratio
foreign        74      2  .2972973      0      1   Car type
```

histogram

정규분포를 확인하기 위해 histogram을 이용해도 된다.

그림 3-8 histogram 실행

```
. sysuse auto
(1978 Automobile Data)

. histogram price
(bin=8, start=3291, width=1576.875)

. histogram price, frequency normal
(bin=8, start=3291, width=1576.875)
```

그림 3-9 histogram 실행결과

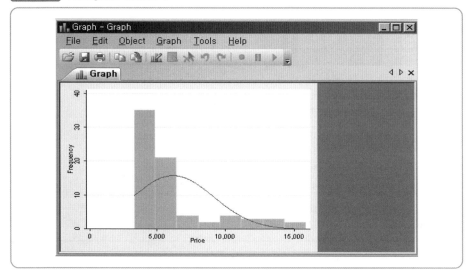

gladder

정규성을 확인하는 또 다른 방법은 gladder이다. 이 명령어는 t-검정과 선형 회귀분석과 같은 분석시 종속변수가 정규분포를 따라야 한다는 가정을 충족하는 지를 확인하는 과정이다. 다시 말해 변수변환(transformation)이 필요할 때, 이 명령 어를 실행하면 9가지 변환을 통해 어떤 변환이 되어야 정규분포가 되는지를 확인 할 수 있다.

이 명령어를 실행하기 위한 과정은 다음과 같다. Statistics > Summaries, tables, and tests > Distributional plots and tests > Ladder-of-powers histograms 실행하면 다음과 같은 대화창이 나타난다.

그림 3-10 gladder 대화창

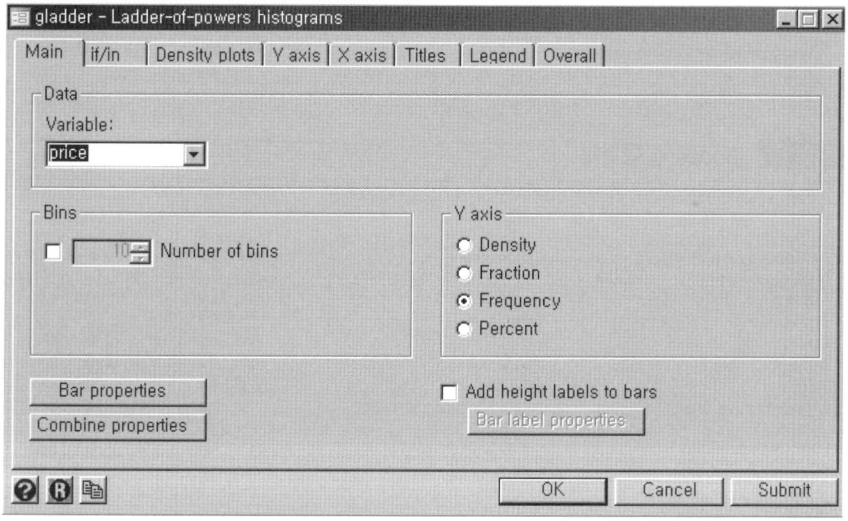

우선 변수에 price를, Y축에 frequency를 적용한 후 OK를 실행시키면 결과 창에 gladder price, frequency가 나타나고 그 결과는 다음과 같다.

· gladder price, frequency

그림 3-11　gladder 실행결과

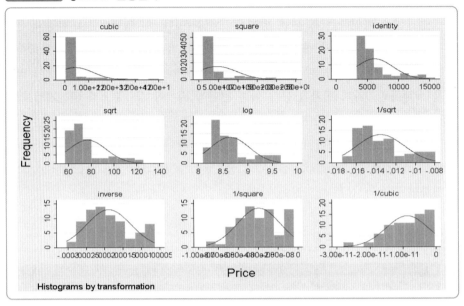

Histograms by transformation

그림 3-12　ladder 실행결과

```
. ladder mpg

Transformation              formula              chi2(2)        P(chi2)

cubic                       mpg^3                 43.59          0.000
square                      mpg^2                 27.03          0.000
identity                    mpg                   10.95          0.004
square root                 sqrt(mpg)              4.94          0.084
log                         log(mpg)               0.87          0.647
1/(square root)             1/sqrt(mpg)            0.20          0.905
inverse                     1/mpg                  2.36          0.307
1/square                    1/(mpg^2)             11.99          0.002
1/cubic                     1/(mpg^3)             24.30          0.000
```

[그림 3-11] gladder 실행결과와 [그림 3-12] ladder 실행결과에 기초하여 가장 유의한 변수변환을 선택하면 된다. [그림 3-11]에서 우선 보아도 정규분포가 덜 이탈되는 형태가 1/sqrt와 inverse가 있다. 다만 1/sqrt를 선택하여도 되겠지만, '1마일당 소비되는 가솔린으로'라는 해석이 가능한 inverse(1/mpg)를 선택하면 된다. 또한 [그림 3-12]에 p-값이 표시되어 있는데, 그래프를 참고하여 변수변환 형태를 고려하는 것도 하나의 대안이다.

3.2 상관관계분석

상관관계분석은 등간 및 비율척도로 측정된 변수간 연관성 여부와 그 정도를 분석할 수 있다. 상관관계분석은 등간이나 비율척도인 경우와 서열척도인 경우로 나누어 분석해야 한다.

> **ref.** 변수의 수준
>
> 1. 등간변수: 사회과학영역에서는 등간변수가 그리 많지는 않다. 예를 들어 민원만족도를 측정한 결과 갑은 80점 을은 40점이라고 가정하면 갑이 을보다 만족도가 높다고 할 수 있다. 그러나 엄밀히 말해 40점의 차이를 정확히 말할 수 없다. 또한 비율변수와 달리 절대값 0이 존재하지 않기 때문이다. 즉, 만족도가 0이라고 측정되었다고 하더라도 만족도가 실제 0은 아니기 때문이다. 다만 사회과학분야에서는 일반적으로 등간변수를 허용한다고 보면 된다.
> 2. 비율변수: 비율변수는 등간변수의 특성에 절대값 0이 포함된 변수이다. 따라서 사회과학영역에서 비율변수는 그리 많지 않다. 예를 들면 가족 수 등이 비율변수에 해당된다.
> 3. 명목변수: 측정대상의 특징만을 구분할 수 있는 변수이다. 실제 사회과학분야에서는 많이 활용되는 변수는 명목변수라 할 수 있다. 또한 경우에 따라서 더미변수로 활용되기도 한다. 예를 들어 성별에 관해 측정할 때 남자는 1, 여자는 2라고 한다면 여자가 남자의 2배라고 말할 수 없기 때문이다. 또 다른 하나의 예를 들면 지방자치단체의 구분으로 광역시도는 1, 시는 2, 군은 3, 자치구는 4와 같은 변수들이 이에 해당한다.
> 4. 서열변수: 변수간에 서열(순서)이 존재하는 변수이다. 이 변수의 형태는 사회과학에서 많이 활용된다. 예를 들어 우리가 잘 알고 있는 5점 척도(매우 불만족 1, 다소 불만족 2, 보통 3, 다소 만족 4, 매우만족 5)와 같은 경우에 변수들간에 일정한 서열이 존재한다. 즉, 점수가 커질수록 만족도가 커진다고 할 수 있다. 하지만 변수값의 정확한 크기는 알 수 없다.

변수의 척도가 등간이나 비율인 경우는 일반적으로 피어슨 상관분석을 이용한다. 경우에 따라서 두 변수에 공통적으로 영향을 미치는 제3의 변수를 통제(제거)하고자 할 경우 편상관분석을 이용하고, 서열척도인 경우는 스피어만 서열상관분석을 이용한다.

그림 3-13 상관관계분석의 흐름

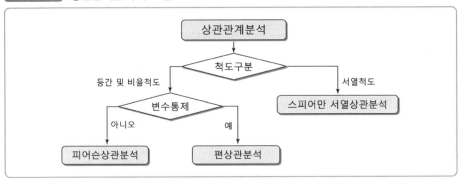

먼저 상관계수에 대해 알아보면 다음과 같다. 상관계수의 특징은 물론 우리가 흔히 오해하기 쉬운 상관계수와 회귀계수의 차이를 살펴보면 다음과 같다.

ref. 상관계수의 특징

1. 상관계수의 범위는 $-1 \leq \rho \leq 1$, 이때 모집단 상관계수를 rho ρ라 부른다. 즉 항상 −1에서 1 사이의 값을 갖는다. 이때 ＋는 정적관계를 −는 부적격관계를 나타낸다.
2. 1에 가까울수록 상관관계가 높고 0에 가까울수록 상관관계가 낮다. 다만 ρ가 1(−1포함)에 가까울수록(가정 6에 위배), 완벽한 선형관계를 이룬다.

ref. 상관계수(r)와 회귀계수(b)의 차이

상관계수는 회귀선 주변에 관측치들이 퍼져 있는 정도(degree of scatter)를 측정한 지표이다. 한편 회귀계수는 회귀직선의 기울기 정도(steepness)를 측정한 것이다.
여기서 꼭 알고 지나가야 할 것은 상관계수나 회귀계수 둘 중 하나가 0이면 나머지 하나도 0이 된다는 점이다. 이를 제외하고 둘 계수는 차이를 보인다.
예를 들어 회귀계수는 1.5이고, 상관계수는 0.89인 관측치와 회귀계수는 3이면서 상관계수는 0.30인 경우라면 전자는 후자에 비해 회귀계수(기울기)는 작지만 회귀선 주변에 밀집해 있기 때문에 상관계수가 훨씬 높다는 것을 알 수 있다.

상관관계분석시 가장 첫 단계로 먼저 *X*와 *Y*값을 그려서 두 변수간 대략적인 관계를 살펴볼 필요가 있다. 분석을 위해 사용된 데이터는 예제데이터 파일 sysuse auto.dta이다. 이를 위한 명령어는 graph matrix이고, scatter plot 그림을 그려보면 확인이 가능하다.

상관계수 계산 명령어는 pwcorr(pairwise correlation), corr(correlation), pcorr (partial correlation coefficient)으로 구분이 가능하다. [그림 3-15]는 상관관계분석의 옵션에 관한 설명이다.

그림 3-14 graph matrix

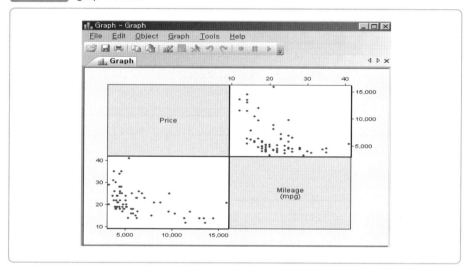

그림 3-15 corr, pwcorr의 옵션

correlate_options	Description
Options	
means	display means, standard deviations, minimums, and maximums with matrix
noformat	ignore display format associated with variables
covariance	display covariances
wrap	allow wide matrices to wrap

pwcorr_options	Description
Main	
obs	print number of observations for each entry
sig	print significance level for each entry
listwise	use listwise deletion to handle missing values
casewise	synonym for listwise
print(#)	significance level for displaying coefficients
star(#)	significance level for displaying with a star
bonferroni	use Bonferroni-adjusted significance level
sidak	use Sidak-adjusted significance level

 pwcorr와 corr은 표본상관계수를 계산한다는 점에서는 동일하다. 아래 분석 결과를 확인해보면, pwcorr와 corr의 상관계수가 모두 음의 상관관계이지만 상관 계수의 차이를 보인다. 특히, price와 mpg에서 차이를 보이는데, 이는 mpg지표에 서 결측치가 있기 때문이다.

 다시 말해서 price와 mpg간 pwcorr의 상관계수는 −0.4686인데, corr은 −0.4559이다. 이는 추정방법의 차이에 기인한다. pwcorr은 결측치가 있는 지표 (mpg)만 제외하고 추정하는 반면, corr은 결측치가 하나라도 있을 경우 모든 지표 (price, mpg, rep78)를 삭제하고 추정하기 때문이다.

그림 3-16 pwcorr 실행

```
. pwcorr price mpg rep78

                   price       mpg      rep78

       price      1.0000
         mpg     -0.4686    1.0000
       rep78      0.0066    0.4023    1.0000
```

그림 3-17 corr 실행

```
. corr price mpg rep78
(obs=69)

                   price       mpg      rep78

       price      1.0000
         mpg     -0.4559    1.0000
       rep78      0.0066    0.4023    1.0000
```

그림 3-18   pwcorr, sig 옵션사용

```
. pwcorr price mpg rep78, sig

                    price        mpg      rep78

       price       1.0000


         mpg      -0.4686     1.0000
                   0.0000

       rep78       0.0066     0.4023     1.0000
                   0.9574     0.0006
```

한편, 상관계수의 유의성을 검정하고자 할 때 sig 옵션을 사용하면 된다. 다만, sig 옵션은 pwcorr만 가능하다.

3.3 편상관계수분석: pcorr

편상관계수(pcorr)는 상관계수분석시 여타 변수들의 파급효과를 제거하고 추정하며, 다음과 같다.

그림 3-19   pcorr

```
. pcorr price mpg rep78
(obs=69)

Partial and semipartial correlations of price with

              Partial  Semipartial    Partial  Semipartial  Significance
   Variable      Corr.        Corr.    Corr.^2      Corr.^2         Value

        mpg    -0.5009      -0.5009     0.2509       0.2509        0.0000
      rep78     0.2332       0.2075     0.0544       0.0431        0.0557
```

위 [그림 3-19]에서 보는 바와 같이, 3개의 변수를 활용하여 pcorr를 추정하였으나 price를 기준으로 나머지 2개 변수는 편상관계수로 계산된다. 우선 가격(price)과 주행거리(mpg)의 편상관계수는 −0.50이다. 다만 sig값은 편상관계수가 0이라는 귀무가설에 대한 p값(0.00)은 0.05보다 작기 때문에 5% 유의수준에서 편상관계수가 0이라는 가설을 기각할 수 있다.

따라서 가격과 주행거리가 유의한 음의 편상관계수를 갖는다는 의미는 rep78을 고정시킨 상태에서 연비가 증가할수록 가격은 낮아지는 경향이 있다.

또한 rep78의 경우, pwcorr의 상관계수가 0.0066에서 pcorr의 상관계수가 0.2332로 변화된 근본적인 이유는 편상관계수를 계산할 때는 두 변수 이외의 다른 변수들이 미치는 영향을 배제시키기 때문이다.

3.4 스피어만 & 켄달타우 상관계수분석

피어슨 상관계수분석은 모수적 분석방법이다. 한편 스피어만(spearman)과 켄달(kendall's tau) 상관계수분석은 비모수적 방법이다. 스피어만 상관계수분석은 순위를 의미한다. 즉, 변수값은 순위 외의 아무런 의미를 갖지 않는다. 즉, 모든 데이터 값을 정렬하여 순위(rank)를 매긴 후 이를 기준으로 pearson correlation을 하는 것이다.

spearman

그림 3-20 spearman 실행

```
. spearman price mpg

 Number of obs =        74
Spearman's rho =     -0.5419

Test of Ho: price and mpg are independent
      Prob > |t| =      0.0000
```

[그림 3-20]의 분석결과에 의하면, price와 mpg를 순위를 매긴 후 상관계수 분석을 하여도 1% 유의수준에서 상관관계가 있다. 피어슨 상관계수는 −0.4686인데, 스피어만 상관계수는 −0.5419로 상관성이 다소 높아졌고 유의수준은 동일하게 1% 유의수준에서 귀무가설을 기각할 수 있다.

한편, 켄달타우 상관계수와 스피어만 상관계수 분석은 비모수적 rank를 이용하여 순위에 대한 상관성을 측정한다는 점은 일치한다. 그러나 스피어만 상관계수와 달리 순위의 일치성을 측정한다는 점에서 다소 차이를 보인다.

ktau

그림 3-21 ktau 실행

```
. ktau price mpg

  Number of obs =      74
Kendall's tau-a =    -0.3895
Kendall's tau-b =    -0.4002
Kendall's score =  -1052
    SE of score =   213.627   (corrected for ties)


Test of Ho: price and mpg are independent
    Prob > |z| =     0.0000   (continuity corrected)
```

ktau를 실행하면 tau-a, tau-b계수를 제시해준다. rank_price와 rank_mpg의 켄달타우계수는 −0.38~−0.4까지의 분포를 보이며 음의 상관관계이다. 켄달타우 상관계수는 p값이 0.0000으로 1% 유의수준에서 귀무가설을 기각할 수 있다.

3.5 그래프 그리기

Stata는 다양한 그래프 그리기에 더해 편집기능도 아주 강력하다. twoway 명령어를 활용하여 · twoway (scatter mpg weight if foreign==0) (scatter mpg weight if foreign==1)을 입력하면 [그림 3-22]가 그려진다. 다만, 이 결과는 컬

러색상이기 때문에 통상 논문에서 흑색으로 인쇄될 경우 전혀 분간을 할 수가 없
게 된다. 따라서 이를 제어할 필요가 있다. 우선 s1mono를 적용해보자.

· set scheme slmono
· twoway (scatter mpg weight if foreign==0) (scatter mpg weight if
  foreign==1)

그림 3-22 그래프 그리기 실행

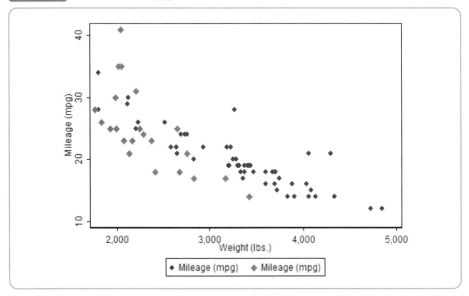

그러나 문제는 두 개의 회색조 톤이 구분이 잘 안된다. 따라서 이를 또렷하
게 하는 방법이 있는데, 바로 lean을 활용한 도식이다.

lean명령어(lean1과 lean2을 활용하면 된다)를 활용하기 위해 우선 lean scheme
를 적용해야 한다. 그러나 공식적인 지원하는 것이 아니기 때문에 이를 찾아서 설
치할 필요가 있다(findit lean).

· findit lean schemes
· set scheme lean1
· twoway (scatter mpg weight if foreign==0) (scatter mpg weight if

foreign==1)

그림 3-23 그래프 편집(1)

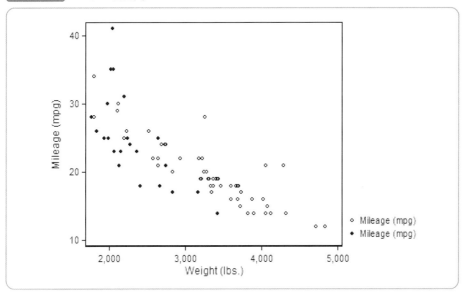

이제 뚜렷한 그래프가 그려지긴 했는데, 마커가 잘 보이지 않는다. 이제 그래 프를 편집해보자. 먼저 범례를 활용하여 명칭은 'Type'을, 그 하위 범주를 'A'와 'B'로 표시한다.

· twoway(scatter mpg weight if foreign==0) (scatter mpg weight if foreign==1), legend(title("Type") order(1 "A" 2 "B")) xsize(3.1) ysize(2.4) scale(1.4)

그림 3-24 그래프 편집(2)

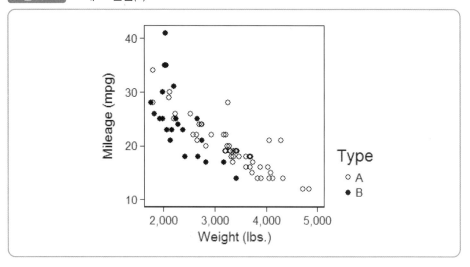

그럼에도 불구하고 위 그래프가 좀 어색해 보인다. 그래서 가로의 크기는 3.1 에서 3.9로, 세로의 크기는 2.1에서 2.5로 확장하고, 마커의 크기는 1.4에서 1.6으로 확대하고, 범례 글자의 크기는 20%를 줄여 도식해보면 다음과 같다.

· twoway (scatter mpg weight if foreign==0) (scatter mpg weight if foreign==1), legend(title("Type", size(*0.8)) order(1 "A" 2 "B")) xsize(3.9) ysize(2.5) scale(1.6)

그림 3-25 그래프 편집(3)

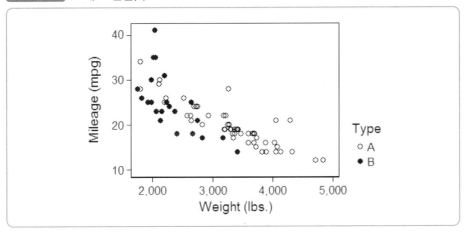

때로는 마커를 바꾸고 싶은 경우가 있다. 아래 명령어를 입력하면 다양한 마
커기호를 확인할 수 있다.

· palette symbol

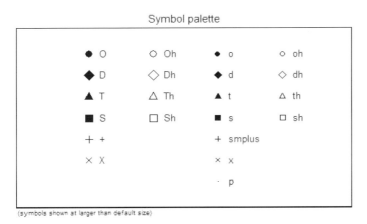

종전에 작업한 그래프에서의 범례 A의 마커를 ×로 바꾸고 싶다면 마커기호
(msymbol(x))를 입력해주면 된다(▲를 사용하고 싶은 경우, (msymbol(T))를 적용하면
됨).

· twoway (scatter mpg weight, msymbol(x), if foreign==0) (scatter mpg weight if foreign==1), legend(title("Type", size(*0.8)) order(1 "A" 2 "B")) xsize(3.9) ysize(2.5) scale(1.6)

그림 3-26 그래프 편집(4)

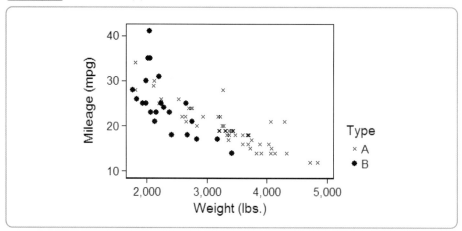

경우에 따라서는 히스트그램이나 막대그래프를 그려야 할 때가 있다. 동일한 데이터 셋(sysuse.dta)을 활용하여 히스토그램을 그려보자.

. set scheme lean2
. histogram weight, xsize(3.9) ysize(2.5) scale(1.6)

그림 3-27 그래프 편집(5)

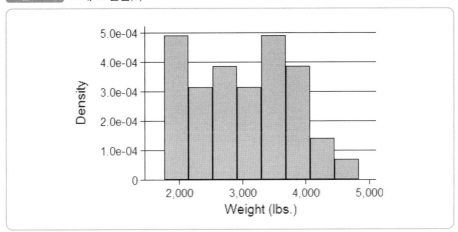

저자가 볼 때 위 그래프가 그리 만족스럽지 못하다. 그런데, 갑자기 교수님께서 이러 저러한 개념을 적용하여 그래프를 다시 그려 오라는 과제를 주셨다고 가정하자. 다시 말해 무게가 1,000lbs부터 범위는 250을 적용하고, y축은 밀도(density) 대신 빈도(frequency)를 적용하고, 여기에 정규분포곡선과 커널밀도곡선을 그려보라는 것이다.

그림 3-28 그래프 편집(6)

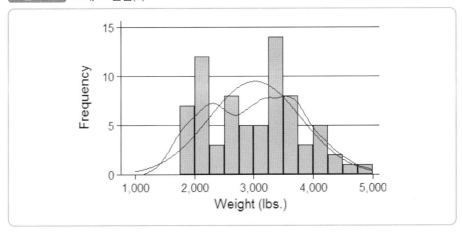

이제는 동일한 데이터 셋을 활용하여 막대그래프를 그려볼 차례이다. 누적 막대그래프를 활용하여 집단별 분포를 비교해보면 아주 유용하다. 특별히 그래프에서 고려해야 할 것은 보조변수(x)를 만들고, 막대그래프의 밝기를 어두운 색에서 밝은 색으로 하든지, 아니면 반대의 경우를 적용할 수 있는데, 편의상 어두운 색에서 밝은 색으로 구성할 것이다. 또한 y축의 타이틀은 "percent"로, x축의 타이틀은 "type"으로 설정하고, 범례의 타이틀은 "repair" "time"을 적용해 누적막대그래프를 그려보면 다음과 같다.

```
. graph bar (count) x, over(rep78) over(foreign) asyvars percent stack bar(1,
  fcolor(gs0)) bar(2, fcolor(gs3)) bar(3, fcolor(gs6)) bar(4, fcolor(gs9)) bar(5,
  fcolor(gs12)) legend(title("repair" "record") order(5 4 3 2 1)) ytitle
  ("Percent") b1title("Type") xsize(3.1) ysize(2.4) scale(1.5)
```

그림 3-29 그래프 편집(7)

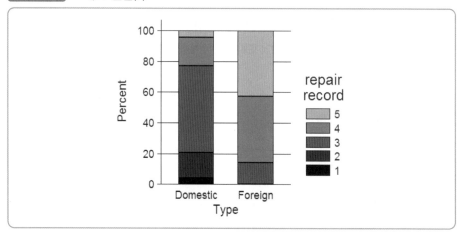

다만, 위 누적막대그래프의 범례 크기가 좀 크다고 여겨진다. 이 경우 위 명령어에서 "legend(title("repair" "record"))"을 legend(title("repair" "record", size(*0.7))로 변경하면 크기가 줄어든다.

위 내용의 do-파일은 다음과 같다.

그림 3-30 3장 do-파일

```
 1    *누적 막대그래프 그리기*
 2    sysuse auto.dta
 3    set scheme lean2
 4    graph bar (count) x              ///
 5    ,                               ///
 6    over(rep78) over(foreign)        ///
 7    asyvars percent stack            ///
 8    bar(1, fcolor(gs0))             ///
 9    bar(2, fcolor(gs3))             ///
10    bar(3, fcolor(gs6))             ///
11    bar(4, fcolor(gs9))             ///
12    bar(5, fcolor(gs12))            ///
13    legend(title("repair" "record")  ///
14    order(5 4 3 2 1))               ///
15    ytitle("Percent")               ///
16    b1title("Type")                 ///
17    xsize(3.1) ysize(2.4) scale(1.5)
```

3.5.1 고급그래프 그리기

이제 단순한 그래프가 아니라 피라미드형 그래프를 그려보자. 아래의 경우와 같이 연령대별 인구구조 등을 그려야 한다. 이를 위해 프로그램에 탑재된 예제파일(sysuse pop2000.dta)을 활용하여 연령별 남녀 인구분포 그래프를 그려보자. 데이터는 남자 총인구(maletotal)와 여자 총인구(femaletotal) 등이 있다. 다만 데이터가 백만단위가 되기 때문에 단순화할 필요가 있다. 여기서는 백만으로 나누어 새로운 변수를 만들 것이다(fem_mil, male_mil).

그 과정은 아래와 같다. 특히 왼쪽에 표시된 백만단위 남자인구(male_mil)는 마이너스(-) 부호를 붙여주어야 한다. 또한 zero 변수를 만들어 모든 값이 0임을 지정해주었다.

. sysuse pop2000.dta

. gen fem_mil= femtotal/1000000

. gen male_mil= -maletotal/1000000

. gen zero=0

. twoway (bar fem_mil agegrp, horizontal) (bar male_mil agegrp, horizontal)

위와 같은 명령어(twoway)의 결과값이다.

그림 3-31 피라미드형 그래프 그리기(1)

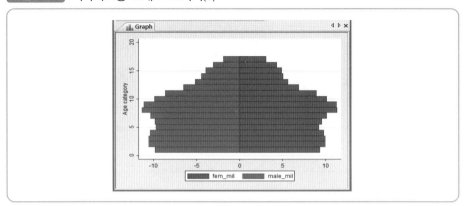

그래프는 어느정도 만족스러운데, 이해를 돕기 위해 그래프에 연령대를 표시하고, 마커심벌(msymbol)과 y축제거(yscale(off))와 동시에 레이블 색깔을 검정색(mlabcolor(black))으로 변경한다고 가정하면 다음 명령어와 같다.

. twoway (bar fem_mil agegrp, horizontal) (bar male_mil agegrp, horizontal)
  (scatter agegrp zero, msymbol(none) mlabel(agegrp) mlabcolor(black)),
  yscale(off)

그림 3-32 피라미드형 그래프 그리기(2)

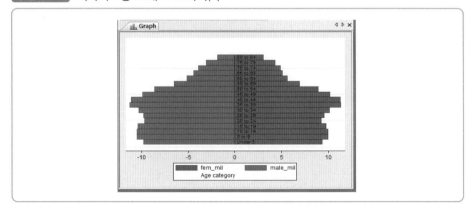

위 그림에서 x축의 눈금을 조정하고(xlabel( )), 타이틀을 백만단위 인구라고 표시(pop. in millions)해 보자.

. twoway (bar fem_mil agegrp, horizontal) (bar male_mil agegrp, horizontal) (scatter agegrp zero, msymbol(none) mlabel(agegrp) mlabcolor (black)), yscale(off) xtitle(pop. in millions) xlabel(-12 "12"-8 "8" -4 "4" 4 8 12) legend(order(1 "male" 2 "female"))

그림 3-33 피라미드형 그래프 그리기(3)

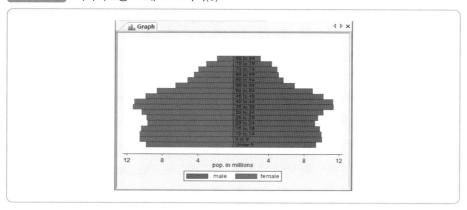

경우에 따라서는 함수 그림을 그려야 할 경우도 있다. 이때 x축의 범위를 결정하는 range( )옵션은 반드시 지정해야 한다. droplines( )는 function 명령어의 옵션으로 정규곡선 기준선을 지정할 때 사용한다.

. set scheme lean2
. twoway (function y=normalden(x), range(-3.5 3.5) dropline(-1.96 -1 0 1 1.96))

. twoway (function y=normalden(x), range(-3.5 3.5) dropline(-1.96 -1 0 1 1.96)), plotregion(margin(zero)) yscale(off) ylabel(, nogrid)

그림 3-34 함수 그래프 그리기(1)

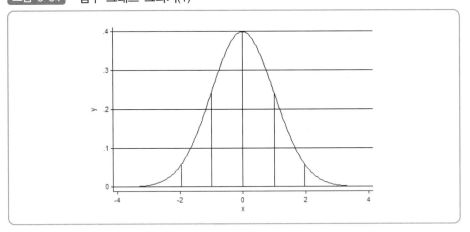

· twoway (function y=normalden(x), range(-3.5 3.5) dropline(-1.96 -1 0 1 1.96)), plotregion(margin(zero)) yscale(off) ylabel(, nogrid) xlabel(-3 -1.96 -1 0 1 1.96 3, format(%4.2f)) xtitle("standard deviation fron mean") xsize(3.3) ysize(2.2) scale(1.4)

그림 3-35 함수 그래프 그리기(2)

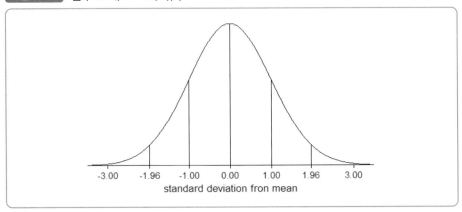

위 과정을 대화창을 활용하여 그래프를 그릴 수도 있다.

그림 3-36   그래프 작업창(1)

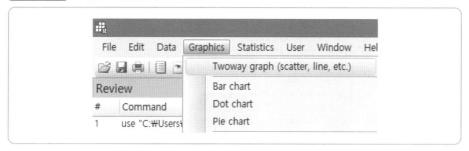

그림 3-37   그래프 작업창(2)

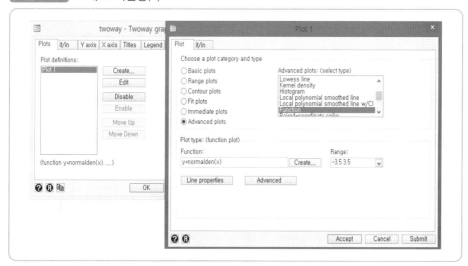

3.5.2 그래프 에디터(Graph Editor)

그래프 에디터는 원하는 그래프 양식의 제목과 범례 등을 바꿀 수 있는데, 그 과정은 다음 그림과 같다.

그림 3-38 그래프 편집(1)

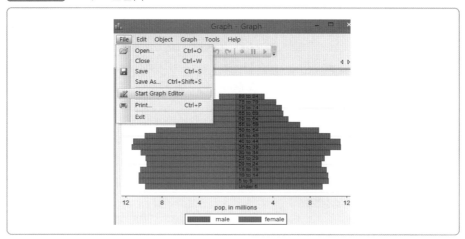

그림 3-39 그래프 편집(2)

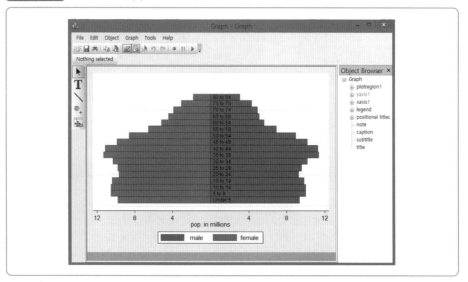

우측 중앙(음영 xaxis1 title)을 클릭하면 그래프 바로 위에 있는 color, size, margin, text가 시현된다. 변경하고 싶은 문구가 'pop. in millions' 대신에 '백만 단위 인구'라고 가정하고 아래와 같이 Text 부분에 입력한 후 엔터키를 실행하면 된다.

그림 3-40 그래프 편집(3)

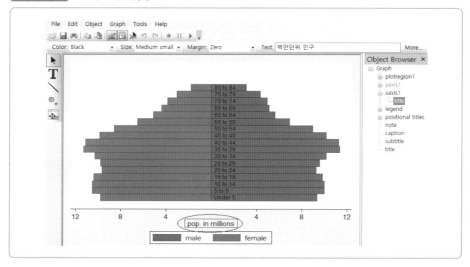

동일한 방식으로 '연령별 남녀분포'라는 title로 변경한다고 가정하자. 마찬가지로 text란에 '연령별 남녀분포'를 입력하고 엔터키를 실행하면 된다. 또 다른 방법으로 아래 그림에 표시된 title을 더블클릭하면 대화창이 표시되면 아래와 같이 text부분에 연령별 남녀분포를 입력한 후 OK를 클릭하면 된다.

그림 3-41 그래프 편집(4)

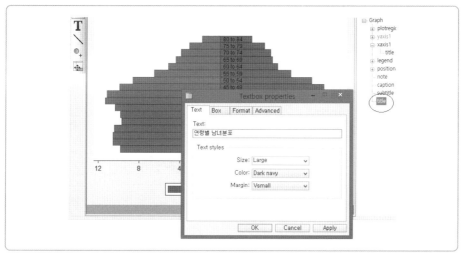

제 4 장

신뢰도분석

4.1 크론바하 알파계수

4.1 크론바하 알파계수

신뢰도 분석은 간략한 설명만으로 가능할 것 같다. 즉, 어떤 지표에 대한 신뢰도 평가를 나타난다. 사회과학에서 일반적으로 활용되는 설문지의 신뢰성은 매우 중요한 문제라 할 수 있다. 일반적으로, 설문기법으로 코딩된 5점 likert 척도에 관한 자료는 신뢰도 분석을 실시하게 된다. 왜냐하면 신뢰성추정은 일관성을 지니면서 안정성을 지녀야 함과 동시에 예측가능성을 지녀야 한다. 이를 위해 다양한 방법을 통해 신뢰계수를 추정하게 된다.

신뢰계수의 추정방법은 재시험법, 동형방법, 반분법, 내적일치도법이 있는데, 일반적으로 내적일치도방법에 의한 추정을 크론바하 알파(cronbach alpha)라 칭한다. 크론바하 알파의 추정옵션은 다음과 같다.

그림 4-1 alpha의 옵션

```
options              Description

Options
  asis               take sign of each item as is
  casewise           delete cases with missing values
  detail             list individual interitem correlations and covariances
  generate(newvar)   save the generated scale in newvar
  item               display item-test and item-rest correlations
  label              include variable labels in output table
  min(#)             must have at least # observations for inclusion
  reverse(varlist)   reverse signs of these variables
  std                standardize items in the scale to mean 0, variance 1
```

그림 4-2　alpha 대화창

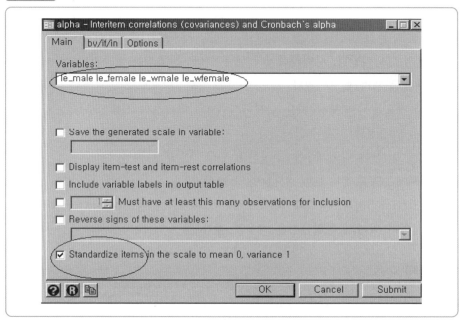

위 분석결과에 의하면 사용된 변수의 수는 4개이고, 크론바하 알파계수가 0.99로 상당히 신뢰할 만한 계수이다. 크론바하 알파계수는 0~1 사이의 값을 가지며, 값이 높을수록 바람직하나 그에 대한 기준은 학자마다 다르기 때문에 반드시 몇 점 이상의 기준은 없다. 일반적으로 0.8~0.9 사이 값이라면 신뢰도가 상당히 높다고 할 수 있고, 0.7 이상이면 바람직하다고 본다. 또한 0.6 이상이면 수용할 정도의 수준이라 여기지만 0.6 이하이면 내적일관성을 결여한 것으로 받아들여지기 때문에 상관관계가 낮은 항목이므로 제거하는 것이 바람직하다.

그림 4-3 alpha 실행결과

```
. alpha le_male le_female le_wmale le_wfemale, std

Test scale = mean(standardized items)

Average interitem correlation:        0.9937
Number of items in the scale:            4
Scale reliability coefficient:        0.9984
```

그림 4-4 4장 do-파일

```
1   * chater 4 do-file*
2   ** cronbach alpha **
3   sysuse uslifeexp.dta
4   alpha le_male le_female le_wmale le_wfemale, std
5
```

회귀분석

5.1 단순선형회귀분석

5.2 다중선형회귀분석

5.3 비선형회귀분석(2차모형)

5.4 더미변수를 활용한 회귀분석

5.5 로지스틱 회귀분석

5.6 다중공선성 및 이분산성 검증

5.7 내생성 통제 및 도구변수 추정

그림 5-1 회귀분석의 흐름

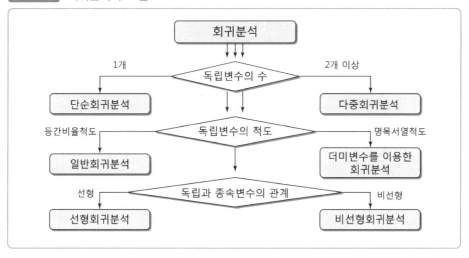

자료: 이훈영(2009), p. 141

ref. 회귀분석의 역사

회귀분석의 역사는 영국의 유전학자 프란시스 갈톤(Francis Galton)의 가설로부터 유래되었다. 그는 부모의 키와 아들의 키 사이에 선형적 관계가 있으며 키가 커지거나 작아지는 것보다는 전체적으로 모집단의 평균 신장에 접근(회귀)하려는 경향, 즉 "평균을 향한 회귀"현상이 있다는 것을 분석하기 위한 방법으로 회귀분석을 개발하였는데, 그는 거기에서 "평범을 향한 회귀"에 관해 낙관적으로 언급하였다. 그 후 칼 피어슨(Karl Pearson)이 아버지와 아들의 키를 조사한 결과를 바탕으로 함수관계를 도출하여 수학적으로 정립하였다.

그림 5-2 회귀분석 결과도출(t-분포) 과정

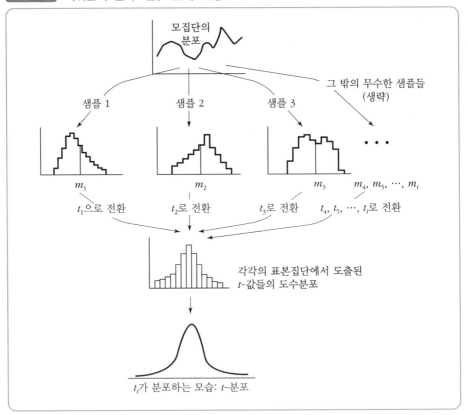

모집단의
분포

샘플 1   샘플 2   샘플 3   그 밖의 무수한 샘플들
(생략)

m_1 m_2 m_3 $m_4, m_5, \cdots, m_i$

t_1으로 전환 t_2로 전환 t_3로 전환 $t_4, t_5, \cdots, t_i$로 전환

각각의 표본집단에서 도출된
t-값들의 도수분포

t_i가 분포하는 모습: t-분포

자료: 배득종 · 정성호(2013), p. 83

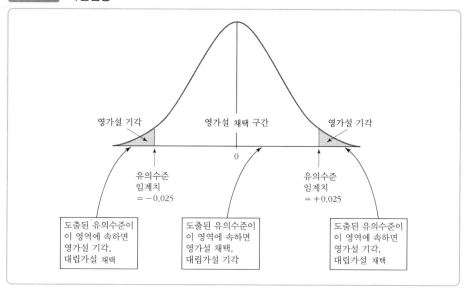

그림 5-3 가설검증

자료: 배득종 · 정성호(2013), p. 142

그림 5-4 reg의 옵션

options	Description
Model	
noconstant	suppress constant term
hascons	has user-supplied constant
tsscons	compute total sum of squares with constant; seldom used
SE/Robust	
vce(*vcetype*)	*vcetype* may be ols, robust, cluster *clustvar*, bootstrap, jackknife, hc2, or hc3
Reporting	
level(*#*)	set confidence level; default is level(95)
beta	report standardized beta coefficients
eform(*string*)	report exponentiated coefficients and label as *string*
depname(*varname*)	substitute dependent variable name; programmer's option
display options	control column formats, row spacing, line width, and display of omitted variables and base and empty cells
noheader	suppress output header
notable	suppress coefficient table
plus	make table extendable
mse1	force mean squared error to 1
coeflegend	display legend instead of statistics

5.1 단순선형회귀분석

선형회귀분석은 단순회귀분석과 다중회귀분석으로 분류할 수 있다. 단순회귀
분석은 독립변수가 종속변수에 미치는 영향을 분석하기 위해 각각 하나의 변수를
가진 모형이다.

$y_i = \beta_0 + \beta_1 x_i + e_i$ 여기서, β_0와 β_1은 모수이며, 두 모수간 선형관계를 측정
할 수 있다. 또한 e_i는 y_i와 β_0와 β_1을 이은 직선상의 점과 오차를 나타낸다. 근
본적으로는 최소자승(Ordinary Least Square: OLS)의 추정방식이다.

> **ref.** 최소자승(제곱)법(Ordinary Least Square: OLS)
>
> 일반적으로 최소제곱법이라고도 부른다. 오차의 제곱 합이 최소인 방정식($y = a +$
> bx)을 회귀식으로 추정하는 것을 말한다. 그 밖에 가중최소제곱법(weighted least
> square) 등이 있지만 일반적으로 이용되는 이유는 비교적 추정과정이 간단하고
> 대부분의 자료를 보편적으로 적용할 수 있기 때문이다. 따라서 최소제곱법에서
> 기울기 b, 공분산(S_{xy}), 그리고 분산(S_x^2)의 계산과정을 알아보면 다음과 같다.
>
> $$기울기(b) = \frac{\sum(x_i - \overline{x})(y_i - \overline{y})}{\sum(x_i - \overline{x})^2}$$
>
> $$공분산(S_{xy}) = \frac{\sum(x_i - \overline{x})(y_i - \overline{y})}{(n-1)}$$
>
> $$분산(S_x^2) = \frac{\sum(x_i - \overline{x})(y_i - \overline{y})}{(n-1)}$$
>
> 즉, 기울기 b는 분자의 모든 x의 값에서 x의 평균을 빼고 모든 y의 값에서 y의
> 평균을 빼고 이를 곱한 후 다 합한 뒤에 분모의 모든 x의 값에서 x의 평균을 빼
> 주고 이를 제곱한 값들을 모두 합하면 기울기 b가 구해진다.
> 한편 공분산(S_{xy})은 기울기를 구하는 과정에서 분자를 $(n-1)$로 나누어 주면 x와
> y의 공분산이 된다. 더불어 분산(S_x^2)은 분모를 $(n-1)$로 나누어 주면 x의 분산이
> 된다. 결과적으로 종속변수와 독립변수의 공분산을 독립변수의 분산으로 나누는
> 것과 동일한 값이 된다. 즉 기울기를 구하는 수식은 다음과 같이 표현할 수 있다.
> $$b = \frac{Sxy}{Sx^2}$$

이해를 돕기 위해 실제 a(절편)와 b(기울기)를 구해보자.

x_i	y_i	$(x_i - \overline{x})$	$(y_i - \overline{y})$	$(x_i - \overline{x})^2$	$(y_i - \overline{y})^2$	$(x_i - \overline{x})(y_i - \overline{y})$
60	80	-8	-60	64	3600	480
62	99	-6	-41	36	1681	246
64	140	-4	0	16	0	0
66	155	-2	15	4	225	-30
68	119	0	-21	0	441	0
70	175	2	35	4	1225	70
72	145	4	5	16	25	20
74	197	6	57	36	3249	342
76	150	8	10	64	100	80
612	1260			240	10546	1208

$\overline{x} = 68$, $\overline{y} = 140$, 즉 x의 평균은 68, y의 평균은 140이다. 따라서 기울기 $b = \dfrac{1208}{240} = 5.03$이다. 다시 a를 구해보면 다음과 같다.

$a = \overline{y} - b\overline{x} = 140 - 5.03(68) = -202.04$

이를 좀 더 세분화하여 그림으로 표시하면 아래와 같다.

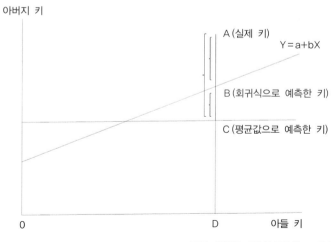

자료: 배득종 · 정성호(2013). p. 184.

ref. 결정계수(R^2, coefficient of Determination)의 개념

위 그림에서 보는 것과 같이 아들의 키가 D라면 아버지의 평균값으로 예측한 점은 C이고, 회귀직선을 예측할 때는 B이다. 그렇다면 아버지의 실제 키가 A라면 평균값으로 예측한 것도 틀리고 회귀직선으로 예측한 것도 틀린다. 따라서 전체 편차인 AC 중에서 설명된 편차 BC가 어느 정도 차지하는가를 측정한 것이 결정 계수이다.

따라서 $R^2 = \dfrac{\Sigma(\text{설명된편차})^2}{\Sigma(\text{전체편차})^2} = \dfrac{\Sigma(BC)^2}{\Sigma(AC)^2}$ 가 된다.

최소자승법에 의해 얻어진 추정량은 최우수선형불편추정량(Best Liner Unbiased Estimator: BLUE)이 되고 다음과 같은 가정이 충족되어야 한다(Wooldridge, 2015).

쉬어 가기 종속변수 vs. 독립변수

모집단을 대표하는 표본집단에서 두 변수 x와 y의 관계를 분석해보자. 일반적으로는 x가 y에 미치는 영향으로 정의한다. 이때 x는 독립변수(설명변수, 예측변수, 회귀변수)라 명명하고, y는 종속변수(피독립변수, 피예측변수, 피회귀변수)라 명명한다.

단순회귀모형은 다음과 같은 가정이 성립해야 한다. 단순회귀모형은 다중회귀모형과 구분하기 위해 SLR(simple linear regression)이라는 표현을 사용한다(Wooldridge, 2015).

가정 1 (SLR.1) 모수에 대한 선형성(linear in parameters)

단순회귀모형의 방정식은 모수와 선형관계에 있다. 선형관계에 있다는 것은 모수의 값과 방정식의 값이 비례관계에 있음을 의미한다. 따라서 그래프는 직선의 형태(선형)로 그려지게 된다. 단순회귀모형의 방정식은 $y_i = \beta_0 + \beta_1 x_i + e_i$로 표현할 수 있다. 여기서 β_0와 β_1은 추정모형의 절편과 기울기 모수를 의미하며, e_i는 오차항(교란항)을 의미한다.

가정 2 (SLR.2) 임의추출(random sampling)

표본은 모집단으로부터 임의적으로 추출해야 한다. "임의적"이라 함은 인위적인 개입이 없음을 의미한다. 임의추출이 보장될 때 표본들의 추출확률은 항상 동일하며, 한 표본의 선택이 다른 표본의 선택에 영향을 주지 않는다. 임의추출 시 발생하는 오차에 대해서는, 별도의 항을 세움으로써 처리한다. $y_i = \beta_0 + \beta_1 x_i + e_i$, $i = 1, 2, 3, ..., n$에서, e_i가 바로 관측값 i(개인, 그룹, 도시 등)의 오차항이다. 이러한 e_i는 y_i에 영향을 미치는 요소 중 관측되지 않는 요소, 즉 설명되지 않는 요소를 의미한다.

가정 3 (SLR.3) 표본 내 독립변수 값 다름

표본의 독립변수 값은 모두 다르다. 표본 내 서로 동일한 값을 가진 변수는 의미가 없다. 여러 개의 동일한 변수는 표본 실현에 유의미한 영향을 미치지 못하기 때문이다. 즉, 개체별 독립변수의 값 $\{x_{i,i} = 1,2,...,n\}$들은 모두 동일하지 않아야 한다.

가정 4 (SLR.4) 조건부 0 평균(zero conditional mean)

주어진 모든 독립변수 값에서 오차 e_i는 0의 기댓값을 갖는다. 이 가정을 통해 수학적 전개가 단순화된다. 이는 $E(e_i|x_i) = 0$, $cov(x_i, e_i) = 0$로 표현할 수 있으며, 이 가정을 통해 x_i값의 임의성이 해소된다. 따라서 표본내 x_i의 값을 조건부로 도출할 수 있다. 독립변수 $x_1, x_{2,...,}x_n$에서 n개의 표본값을 반복추출하더라도 오차는 0의 기댓값을 갖는다.

가정 5 (SLR.5) 오차항의 동분산(homoskedasticity)

주어진 모든 독립변수 값에서 오차 e_i는 동일한 분산을 갖는다. 비관측 요소 e_i의 x_i 조건부 분산이 상수라는 말로, 이를 동분산(homoskedasticity) 또는 동일분산(constant variance)이라고 한다. 즉, 오차항의 조건부 분산 $var(e_i|x_i)$은 모든 i에 대해 동일하며, $var(e_i|x_i) = \sigma^2$이 성립한다. 이는 $var(e_i|x_i)$가 x_i에 따라 달라질 때 오차항이 보여주는 이분산(heteroskedasticity) 또는 일정하지 않은 분산(nonconstant variance)과 대조된다.

그림 5-5 reg 실행

```
. reg price mpg

      Source |       SS       df       MS              Number of obs =       74
-------------+------------------------------           F(  1,    72) =    20.26
       Model | 139449474        1   139449474          Prob > F      =   0.0000
    Residual | 495615923       72  6883554.48          R-squared     =   0.2196
-------------+------------------------------           Adj R-squared =   0.2087
       Total | 635065396       73  8699525.97          Root MSE      =   2623.7


       price |      Coef.   Std. Err.       t    P>|t|     [95% Conf. Interval]
-------------+----------------------------------------------------------------
         mpg |  -238.8943   53.07669    -4.50   0.000    -344.7008   -133.0879
       _cons |   11253.06   1170.813     9.61   0.000     8919.088    13587.03
```

명령어 reg 다음에 price는 종속변수이고, 그 다음 mpg는 독립변수이다.
Stata에서는 맨 먼저 종속변수를 적고 그 다음 독립변수를 적는다. β_1인 mpg의
계수값(coef)은 −238.89이고, β_0는 cons coef로 11253.06이다. 이 분석결과에 의
하면 연비가 1 상승하면 가격은 238 감소한다고 해석한다. 또한 R-squared
(21.96)는 모형의 설명력을 의미한다.

　이미 설명한 바와 같이 잔차의 분포는 정규분포를 따라야 한다. 회귀분석을
수행한 다음 사후추정(postestimation)을 반드시 수행해야 한다. 사후추정을 위한
predict 명령어는 잔차를 직접 구할 수 있고, swilk(shapiro-wilk) 명령어를 활용하
면 사후검정이 가능하다.

　shapiro-wilk 검정결과, 잔차가 정규분포를 따른다는 귀무가설이 기각된다.
더불어 rvfplot(잔차 대 적합값)을 검정한 결과이다.

```
. predict rprice if e(sample)
(option xb assumed; fitted values)

. swilk rprice
```

Shapiro-Wilk W test for normal data

Variable	Obs	W	V	z	Prob>z
rprice	74	0.94701	3.413	2.678	0.00371

```
. rvfplot, yline(0)
```

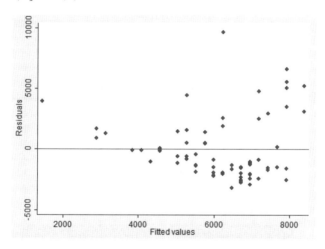

위 결과로 유추할 수 있는 점은 price의 값이 증가하면서 잔차의 변이가 증가하여, 등분산의 요건을 충족하지 못하고 있다. 따라서 이미 설명한 gladder 명령어를 활용하여 정규분포를 확인한 후 다시 회귀분석을 할 필요가 있다.

[그림 5-5] 분석결과를 그래프로 그려 보자.

```
. twoway (scatter price mpg) (lfit price mpg)
```

위 명령어를 대화창을 통해 알아보면 다음과 같다. 먼저 plot이 2개로 나누어진다. 하나는 scatter이고, 또 다른 하나는 lfit이다. 우선 Graphic 메뉴에서 twoway graph(scatter, line 등)을 클릭한 후 아래의 plot 1과 plot 2를 차례대로 지정하여 Accept하면 된다.

그림 5-6 plot 대화창

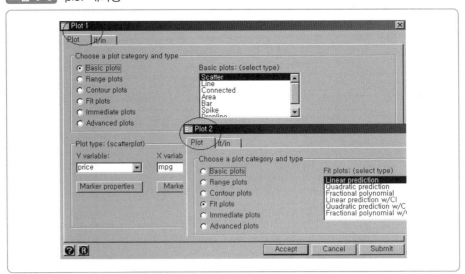

이 과정을 거치고 나면 다음과 같은 그래프가 생성된다.

그림 5-7 two-way 결과

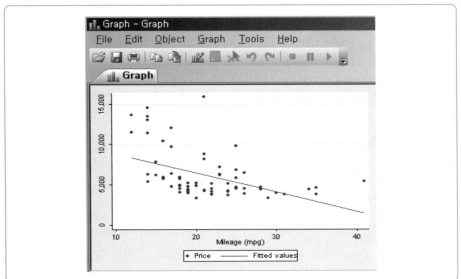

그림 5-8 상수항 제거한 reg 분석결과

```
. reg price mpg, nocons

      Source |       SS           df       MS              Number of obs =      74
-------------+------------------------------              F(  1,     73) =  149.44
       Model |  2.3163e+09         1   2.3163e+09          Prob > F       =  0.0000
    Residual |  1.1315e+09        73  15500024.6           R-squared      =  0.6718
-------------+------------------------------              Adj R-squared  =  0.6673
       Total |  3.4478e+09        74  46592355.7           Root MSE       =    3937

-------------------------------------------------------------------------------
       price |      Coef.   Std. Err.      t    P>|t|     [95% Conf. Interval]
-------------+-----------------------------------------------------------------
         mpg |   253.6302   20.74754    12.22   0.000     212.2804      294.98
-------------------------------------------------------------------------------
```

경우에 따라 상수가 없는 모형을 추정하기 위해서는 nocons 옵션을 사용하면 된다.

5.2 다중선형회귀분석

다중선형회귀분석은 독립변수가 2개 이상인 경우 종속변수에 미치는 영향을 분석하기 위한 모형이다. 분석의 기본모형은 다음과 같다.

$$y_i = \beta_0 + \beta_1 x_{1i} + \beta_2 x_{2i} + ... + e_i$$

또한 다중선형회귀모형은 다음과 같은 가정이 성립해야 하며, MLR(multiple linear regression)이라는 표현을 사용한다(Wooldridge, 2015).

가정 1 (MLR.1) 모수에 대한 선형성(linear in parameters)

다중회귀모형은 모수와 선형관계에 있다. 선형관계에 있다는 것은 모수의 값과 방정식의 값이 비례관계에 있음을 의미한다. 따라서 그래프는 직선의 형태(선형)로 그려지게 된다. 다중회귀모형의 방정식은 $y_i = \beta_0 + \beta_1 x_i + \beta_2 x_i + ... + \beta_k x_k + e_i$

로 표현할 수 있다. 여기서 β_0, β_1, ..., β_k는 알고자 하는 미지의 모수(상수)를 의미하며, e_i는 관측되지 않는 확률적 오차 또는 교란항를 의미한다.

가정 2 (MLR.2) 임의추출(random sampling)

표본은 모집단으로부터 임의적으로 추출해야 한다. "임의적"이라 함은 인위적인 개입이 없음을 의미한다. 임의추출이 보장될 때 표본들의 추출확률은 항상 동일하며, 한 표본의 선택이 다른 표본의 선택에 영향을 주지 않는다. 임의추출 시 발생하는 오차에 대해서는, 별도의 항을 세움으로써 처리한다. $y_i = \beta_0 + \beta_1 x_i + \beta_2 x_i + ... + \beta_k x_k + e_i$, $i = 1, 2, 3, ..., n$에서, e_i가 바로 관측값 i(개인, 그룹, 도시 등)의 오차항이다. 이러한 e_i는 y_i에 영향을 미치는 요소 중 비관측(관측되지 않은)요소, 즉 설명할 수 없는 요소를 의미한다.

가정 3 (MLR.3) 완전한 공선성이 없어야 함(no perfect collinearity)

독립변수들 사이에 완전한 상관관계가 있어서는 안 된다. 두 변수 간의 상관관계를 "공선성"이라고 한다. 완전한 공선성은 상관관계가 1이 됨을 의미하며, 이는 통계적으로 유의미한 결과를 도출하지 못한다. 이 가정은 단순회귀모형에서의 가정보다 더 복잡한데, 그 이유는 하나의 독립변수가 아닌 모든 독립변수들 간의 관계를 고려해야 하기 때문이다.

가정 4 (MLR.4) 조건부 0 평균(zero conditional mean)

오차항 e_i는 주어진 독립변수 값에서 0의 기댓값을 가진다. 이 가정을 단순화하면, 이는 $E(e_i|x_i) = 0$, $cov(x_i, e_i) = 0$로 표현할 수 있으며, 이 가정을 통해 x_i 값의 임의성이 해소된다. 따라서 x_i의 값을 조건부로 도출할 수 있다. 이 가정이 성립하는 경우 설명변수들은 외생적(exogenous)이라 칭한다.

가정 5 (MLR.5) 오차항의 동분산(homoskedasticity)

오차항 e_i는 모든 독립변수 값에서 동일한 분산을 갖는다. 비관측 요소 e_i의 x_i 조건부 분산이 상수라는 의미로, 이를 동분산(homoskedasticity) 또는 동일 분산

(constant variance)이라고 한다. 즉 오차항의 조건부 분산 $var(e_i|x_i)$은 모든 i에 대해 동일하며, $var(e_i|x_i) = \sigma^2$이 성립한다. 이는 $var(e_i|x_i)$가 x_i에 따라 달라질 때 오차항이 보여주는 이분산(heteroskedasticity) 또는 일정하지 않은 분산(nonconstant variance)과 대조된다.

명령어 reg 다음에 price는 종속변수이고, 그 다음 weight, length는 각각 독립변수이며, 이를 순차적으로 열거하면 된다.

아래 분석결과에서 β_1인 mpg의 계수값(coef)은 4.699이고, β_2인 length의 계수값(coef)은 -97.96이고 β_0는 cons coef으로 10386다. 이 분석결과에 의하면 무게가 상승할 때마다 가격이 4.69만큼 상승하고, 길이가 길수록 가격이 97.96만큼 감소한다고 해석한다. 다중회귀분석은 Adj. R-squared를 적용해야 하는데 32.92이다.

쉬어 가기 Pooled OLS

패널자료가 있는 경우, 패널자료처럼 쓰지 않고 모두 풀링(pooling or pooled)해서 통계분석하는 것을 의미한다(명령어는 reg이다).

그림 5-9 reg (다중회귀분석)

```
. reg price weight length

      Source |       SS       df       MS              Number of obs =      74
-------------+------------------------------           F(  2,    71) =   18.91
       Model |  220725280        2   110362640         Prob > F      =  0.0000
    Residual |  414340116       71  5835776.28         R-squared     =  0.3476
-------------+------------------------------           Adj R-squared =  0.3292
       Total |  635065396       73  8699525.97         Root MSE      =  2415.7


       price |      Coef.   Std. Err.      t    P>|t|     [95% Conf. Interval]
-------------+----------------------------------------------------------------
      weight |   4.699065   1.122339     4.19   0.000     2.461184    6.936946
      length |  -97.96031    39.1746    -2.50   0.015    -176.0722   -19.84838
       _cons |   10386.54   4308.159     2.41   0.019     1796.316    18976.76
```

그런데 문제는 변수들이 비율변수(%)가 아니기 때문에 독립변수의 %변화가 종속변수 %에 미치는 영향을 분석하는 데 한계가 있다. 다만 증감여부만을 알 수 있을 뿐이다. 이를 보완하기 위해 beta 옵션을 추가하면 추정이 가능하다(SPSS의 표준화에 동일). beta를 적용하면 신뢰구간 대신 베타(beta)값이 표시된다.

ref. **극단치 추정방법: rreg**

실제분석을 수행하는 동안 극단치는 추정결과의 오류를 발생시키게 된다. 극단치(outlier)는 일반적인 패턴을 벗어나서 추정오류를 발생하는 관측값이다. 일반적으로 극단치는 제거하면 되지만, 불가피하게 제거하지 않고 지표를 활용할 경우가 있다. 이때 활용가능한 명령어는 reg 대신 rreg를 활용하면 된다.

그림 5-10 표준화 추가한 reg

```
. reg price weight length, beta

      Source |       SS       df       MS              Number of obs =      74
-------------+------------------------------           F(  2,    71) =   18.91
       Model |  220725280        2  110362640           Prob > F      =  0.0000
    Residual |  414340116       71  5835776.28          R-squared     =  0.3476
-------------+------------------------------           Adj R-squared =  0.3292
       Total |  635065396       73  8699525.97          Root MSE      =  2415.7

------------------------------------------------------------------------------
       price |      Coef.   Std. Err.      t    P>|t|                     Beta
-------------+----------------------------------------------------------------
      weight |   4.699065   1.122339     4.19   0.000                 1.238206
      length |  -97.96031    39.1746    -2.50   0.015                -.7395222
       _cons |   10386.54   4308.159     2.41   0.019                        .
------------------------------------------------------------------------------
```

독립변수와 종속변수간 동일한 변화(% 변화, % 변화)를 추정할 수 있다.

이를 위해 변수에 자연로그를 취하는 방법이 있다. 일반적으로 설명변수와 종속변수에 각각 자연로그를 취하면 탄력성의 개념이 된다. 즉 x가 1% 변화하면 y가 1% 변화한다는 해석이 가능해진다.

$\ln y_i = \beta_0 + \beta_1 \ln x_1 + \beta_2 \ln x_2 + e_i$은 독립변수와 종속변수에 자연로그를 취한 경우이다. 경우에 따라서는 독립변수와 종속변수에만 자연로그를 취할 수도 있다

(예: ln Y＝X, Y＝ln X). ln Y＝X의 경우라면 X의 coef에 100을 곱하며 해석하면 된다. 즉 0.0042라면 0.42% 증가라는 의미이다.

그림 5-11 로그변환 후 reg

```
. gen ln_weight =log(weight )

. gen ln_length =log( length )

. reg ln_price ln_weight ln_length

      Source |       SS       df       MS              Number of obs =      74
-------------+------------------------------           F(  2,    71) =   12.22
       Model | 2.87416221        2  1.4370811           Prob > F      =  0.0000
    Residual | 8.34937087       71  .117596773          R-squared     =  0.2561
-------------+------------------------------           Adj R-squared =  0.2351
       Total | 11.2235331       73  .153747029          Root MSE      =  .34292


    ln_price |     Coef.   Std. Err.      t    P>|t|     [95% Conf. Interval]
-------------+----------------------------------------------------------------
   ln_weight |  1.067446   .4817506     2.22   0.030     .1068632    2.02803
   ln_length | -.7712941   1.068029    -0.72   0.473    -2.900883   1.358295
       _cons |  4.156867   2.277525     1.83   0.072    -.3843896   8.698123
```

위 분석결과에 의하면 무게가 1% 증가하면 가격이 1.067% 증가한다고 해석하면 된다.

5.3 비선형회귀분석(2차모형)

선형회귀모형 중 설명변수의 제곱이 포함되어 있는 모형은 2차(quadratic)모형이라 부른다. 아래의 분석모형은 독립변수와 종속변수간 비선형이고, 모수간 비선형관계를 추정할 수 있는 모형으로 $y_i = \beta_0 + \beta_1 x + \beta_2 x^2 + e_i$이다.

이때 주의 깊게 살펴볼 내용은 독립변수(x)와 독립변수의 제곱변수(x^2)간 관계를 살펴보아야 하는데 계수값이 바뀌는지가 중요하고 두 변수가 동일하게 통계적으로 유의미한 관계여야 한다. 즉, coef가 정(+)에서 부(−)로 바뀌든지 아니면 그 반대로 coef가 부(−)에서 정(+)으로 바뀌어야 하고 통계적으로 유의미해야 한다. 이제 auto.dta를 활용하여 다음의 비선형모형을 가정하였다.

$$price = \beta_0 + \beta_1 weight + \beta_2 weight^2 + e$$

2차 모형을 만들기 위해 변수의 제곱(weight2)을 만든 뒤 분석하면 다음과 같다.

그림 5-12 gen 변환후 reg

```
. gen weight2= weight^2

. reg price weight weight2

      Source        SS          df        MS              Number of obs =      74
                                                          F(  2,    71) =   23.09
       Model    250285462        2   125142731           Prob > F       =  0.0000
    Residual    384779934       71  5419435.69           R-squared      =  0.3941
                                                          Adj R-squared =  0.3770
       Total    635065396       73  8699525.97           Root MSE       =    2328


       price      Coef.    Std. Err.       t     P>|t|    [95% Conf. Interval]

      weight   -7.273097   2.691747    -2.70    0.009    -12.64029   -1.905906
     weight2    .0015142   .0004337     3.49    0.001     .0006494    .002379
       _cons     13418.8   3997.822     3.36    0.001     5447.372   21390.23
```

위 분석결과를 보면 앞서 가정한 weight2의 추정계수(0.0015)가 양(+)이면서 통계적으로 유의미하다. 또한 이미 설명한 바와 같이 weight의 추정계수는 음(−)이면서 통계적으로 유의미하다.

따라서 무게가 무거워질수록 가격이 떨어지다가 일정한 수준 이상이 되면 오히려 가격이 올라간다고 할 수 있다. 즉, 가격이 낮아지다가 올라가는 지점은 $-\hat{\beta_1}/2\hat{\beta_2}$으로 설명이 가능하며 다음과 같이 계산할 수 있다.

또한 한계효과를 계산해보면 다음과 같다.

```
. di-_b[weight]/(2*_b[weight2])
2401.6552
```

위 결과에 의하면, 단위가 lbs이기 때문에 평균적으로 2,401파운드가 되는 지점까지는 가격이 감소하다가 2,401파운드를 넘어서면 가격이 오히려 증가하는 것이다.

이러한 2차항의 효과를 한계효과라 부르고, 한계효과는 그래프로 도식이 가능한데 다음과 같은 과정이 필요하다. 이러한 모형은 일반적으로 U형과 역 U형이라 부른다. 위 모형은 U형태라 부른다.

상단 메뉴에서 Graphics > Twoway graphs를 선택하면 다음과 같은 대화창이 나타난다. 이어 create를 적용하여 plot 1 대화창이 나타나면 그림종류는 Fit plots를 선택하고, 유형(selected type)은 Quadratic prediction을 선택한 다음 y변수에 price, x변수에 weight를 지정한다. 더불어 무게가 2,401일 때 한계효과가 있다는 것을 표시하기 위해 추가적인 작업이 필요하다.

그림 5-13 two-way 그래프 대화창

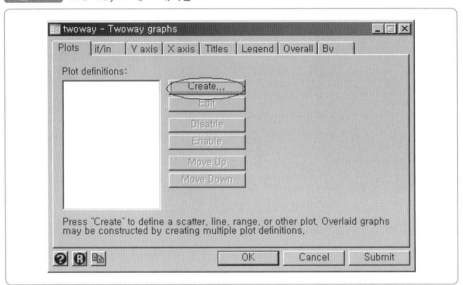

그림 5-14 plot 1 대화창

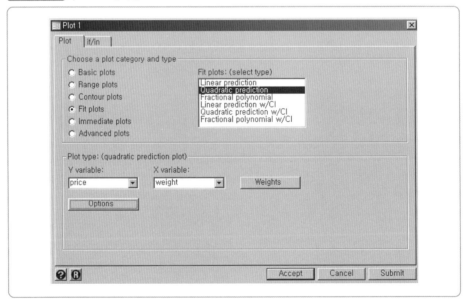

바로 위 대화창 우측 하단에 있는 Accept를 적용하면 다음과 같은 대화창이
나타난다.

그림 5-15 plot 2 대화창

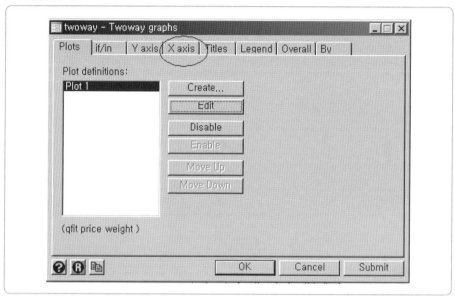

세부적인 그래프의 형식을 결정하기 위한 옵션으로 X axis를 실행시킨 다음
Major tick/label properties와 Reference lines를 적용하면 된다. Major tick/label
properties에는 custom rule에 지정하고 싶은 x축의 범주를 1760 2401 3500
4840으로 적용하고 Reference lines에는 한계효과지점인 2401을 적용하고 패턴은
long-dash를 적용하였다.

그 일련의 과정은 다음 3개의 그림을 보면 알 수 있다.

그림 5-16 plot 3 대화창

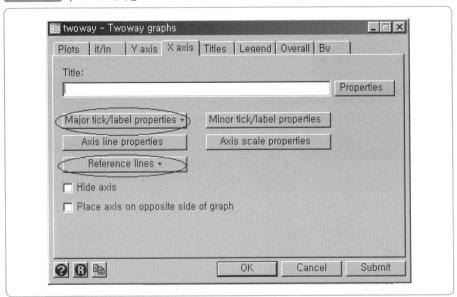

그림 5-17 axis tick 제어

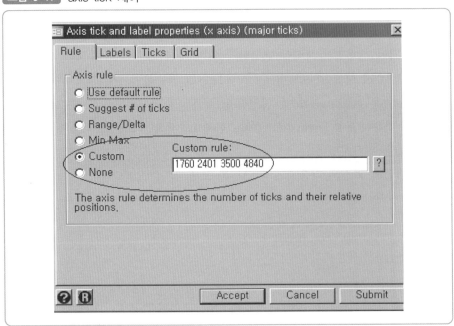

그림 5-18 x axis reference line 제어

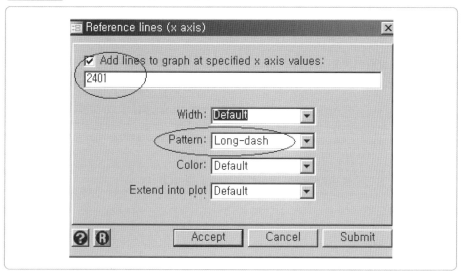

지금까지의 과정을 거치면 다음과 같은 그래프가 생성된다.

그림 5-19 비선형 그래프 결과

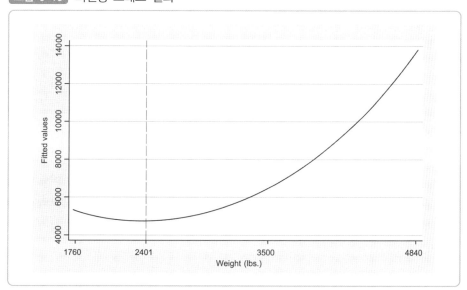

위와 동일한 결과를 도출할 수 있는데 명령어는 다음과 같다.

```
. twoway (qfit price weight),xline(2401,lpattern(longdash)) xlabel(1760 2401 3500 4840)
```

학문적 관점에서는 두 변수(price, weight)간 2차모형보다는 다른 관점에서 접근될 여지가 더욱 많다. 즉, 독립변수가 여러 개 있는 다중회귀분석에 적용할 여지가 더욱 많다는 점이다. 따라서 다른 데이터(nlsw88.dta)를 활용하여 분석을 해 본다.

그림 5-20 타 변수를 제어한 후 비선형모형(reg) 분석결과

```
. reg lnwage tenure tenure2 ttl_exp

      Source |       SS           df       MS            Number of obs =     2231
-------------+----------------------------            F(  3,  2227) =   146.28
       Model | 120.534401         3  40.1781338        Prob > F      =   0.0000
    Residual | 611.682667      2227  .274666667        R-squared     =   0.1646
-------------+----------------------------            Adj R-squared =   0.1635
       Total | 732.217068      2230  .328348461        Root MSE      =   .52409


      lnwage |      Coef.   Std. Err.      t    P>|t|     [95% Conf. Interval]
-------------+----------------------------------------------------------------
      tenure |   .0441508   .0066819     6.61   0.000     .0310473    .0572543
     tenure2 |  -.0017963   .0003526    -5.09   0.000    -.0024878   -.0011049
     ttl_exp |   .0391351   .0029499    13.27   0.000     .0333501     .04492
       _cons |   1.236119   .0360303    34.31   0.000     1.165463    1.306776
```

예컨대 $\ln wage = \beta_0 + \beta_1 tenure + \beta_2 tenure^2 + \beta_3 ttl\_exp + e$ 모형을 구성하여 그래프를 그린다고 가정하면 lnwage, tenure 변수 외에 추가되는 변수(ttl_exp)를 통제하기 위해 추가적인 작업이 필요하다. 다시 말해서 두 변수간 그래프를 그리기 위해서는 두 변수를 제외한 ttl_exp를 평균값으로 고정할 필요가 있다. 그 과정을 살펴보면 다음과 같다.

그림 5-21 타 변수 평균 고정대화창

위 대화창의 main 탭에서 평균값으로 고정시킬 gear_ratio변수를 지정한 뒤 이어 if/in 탭에서 e(sample)==1을 지정한다. Option 탭의 새로운 변수 생성에서 predition variable을 선택하고 lnwage를 입력하면 다음과 같은 결과가 도출된다.

위 분석결과에 따르면 ttl_exp의 평균이 12.55년이라는 것을 알 수 있는데 이는 12.55년에 고정시킨 상태에서 두 변수의 관계를 구할 수 있다. ttl_exp를 통제하지 않은 상태에서 두 변수간 관계는 18.1로 차이를 보인다.

그림 5-22 db adjust 실행결과

```
. db adjust

. adjust ttl_exp if e(sample)==1, xb generate(lnwage_1)


     Dependent variable: lnwage     Command: regress
        Created variable: lnwage_1
   Variables left as is: tenure, tenure2
  Covariate set to mean: ttl_exp = 12.554851


     All    |     xb
  _____|_____
            |  1.87267

   Key:  xb  =  Linear Prediction
```

5.4 더미변수를 활용한 회귀분석

일반적으로 회귀분석에서 사용하는 변수들은 등간이나 비율척도 등 연속변수이다. 그러나 경우에 따라서 종교, 성별, 인종 등과 같은 명목척도를 이용하여 분석하는 경우가 있다. 즉, 0과 1의 값을 갖는 이항변수도 있을 수 있고, 더 나아가 본 예제파일과 같이 변수가 세 가지(1, 2, 그리고 3)인 경우도 있다.

이러한 회귀분석은 더미변수를 활용한 회귀분석이라 부르며, Stata에서는 xi 명령어를 활용하면 쉽게 분석이 가능하다. 여기서 더미변수로 활용될 변수는 race인데, 더미변수로 변환하겠다는 명령어 xi, 해당변수 앞에 I.를 추가하면 된다.

그림 5-23 더미변수를 활용한 reg

```
. xi: reg lnwage I.race ttl_exp
I.race            _Irace_1-3           (naturally coded; _Irace_1 omitted)

     Source |       SS       df       MS              Number of obs =    2246
------------+------------------------------          F(  3,  2242) =  149.52
      Model | 123.566973       3   41.188991          Prob > F      =  0.0000
   Residual | 617.602136    2242  .275469285          R-squared     =  0.1667
------------+------------------------------          Adj R-squared =  0.1656
      Total | 741.169109    2245  .330142142          Root MSE      =  .52485

------------------------------------------------------------------------------
     lnwage |     Coef.   Std. Err.      t    P>|t|     [95% Conf. Interval]
------------+-----------------------------------------------------------------
   _Irace_2 | -.1766994   .0253208    -6.98   0.000    -.226354   -.1270448
   _Irace_3 |  .0537697   .1037466     0.52   0.604   -.1496796    .2572191
    ttl_exp |  .0483856   .0024034    20.13   0.000    .0436724    .0530987
      _cons |  1.307377   .0326544    40.04   0.000    1.243341    1.371413
------------------------------------------------------------------------------
```

이미 설명한 바와 같이 더미변수를 활용하면 가정 3(MLR.3)의 설명변수들간에는 완전한 선형관계가 없어야 하기 때문에 _Irace_1(백인그룹)은 제거되었다. 위 결과를 해석하면 다음과 같다. 종속변수가 lnwage로 자연로그를 취하였기 때문에 증가율로 해석해야 한다.

_Irace_2(흑인그룹)는 추정계수가 -.1766이기 때문에 모형에서 제외된 범주그룹_Irace_1(백인그룹)에 비해 다른 조건인 총직업경력(ttl_exp)이 서로 같을 경우에 평균적으로 17.66% 임금이 더 낮다고 할 수 있다. 또한 _Irace_3(기타그룹)은 _Irace_1(백인그룹)에 비해 동일한 조건에서 0.048% 높다고 할 수 있다.

5.5 로지스틱 회귀분석

회귀분석은 X와 Y의 관계(선형회귀함수) 추론을 통해 Y변수를 예측하는 방법으로 두 변수가 모두 연속변수일 때 사용한다. 하지만 경우에 따라서 종속변수가 이항분포(yes=1. no=0)일 때가 있다. 이때 로지스틱 회귀분석을 활용한다.

로지스틱회귀분석은 독립변수가 연속변수나 범주형 변수 모두 사용가능하다. 일반적으로 x가 증가함에 따라 기대반응 E(y)의 값이 1로 수렴하는 양상을 거친다. 이와 같은 함수를 로지스틱함수라 부른다. 로지스틱함수는 x값에 따라서 y값이 0 또는 1의 값을 가지므로 logit transformation을 통해 이분변수인 y를 확률개념으로 바꿔 주어야 하는데, logit y x를 가정하면 $\Pr(y_j \neq 0|x_j) = \dfrac{\exp(x_j\beta)}{1+\exp(x_j\beta)}$ 로 표현할 수 있다.

로지스틱회귀분석의 옵션은 다음과 같다.

그림 5-24 로지스틱 회귀분석 옵션

options	Description
Model	
noconstant	suppress constant term
offset(*varname*)	include *varname* in model with coefficient constrained to 1
asis	retain perfect predictor variables
constraints(*constraints*)	apply specified linear constraints
collinear	keep collinear variables
SE/Robust	
vce(*vcetype*)	*vcetype* may be oim, robust, cluster *clustvar*, bootstrap, or jackknife
Reporting	
level(#)	set confidence level; default is level(95)
or	report odds ratios
nocnsreport	do not display constraints
display_options	control column formats, row spacing, line width, and display of omitted variables and base and empty cells
Maximization	
maximize_options	control the maximization process; seldom used
nocoef	do not display coefficient table; seldom used
coeflegend	display legend instead of statistics

예제데이터 파일의 foreign변수는 국내차인가 국외차인가 여부이고 mpg변수는 연비를 나타난다.

그림 5-25 logit 분석결과

```
. logit foreign mpg

Iteration 0:   log likelihood =  -45.03321
Iteration 1:   log likelihood = -39.380959
Iteration 2:   log likelihood = -39.288802
Iteration 3:   log likelihood =  -39.28864
Iteration 4:   log likelihood =  -39.28864

Logistic regression                             Number of obs   =         74
                                                LR chi2(1)      =      11.49
                                                Prob > chi2     =     0.0007
Log likelihood =  -39.28864                     Pseudo R2       =     0.1276


     foreign        Coef.    Std. Err.       z    P>|z|     [95% Conf. Interval]

         mpg     .1597621    .0525876     3.04    0.002     .0566922     .262832
       _cons    -4.378866    1.211295    -3.62    0.000    -6.752961    -2.004771
```

위 분석결과에서 귀무가설인 "연비(mpg)의 계수가 0이다"라는 귀무가설은
기각하게 된다. 이때 추정계수(coef.)는 .1597이고, p값은 0.002이다. 즉, 회귀계수
가 0.15이기 때문에 mpg가 한 단위 증가할 때 종속변수인 foreign가 로그오즈(log
odds)로 0.15 단위 증가한다는 것을 의미한다.

다음은 오즈승산비(odds ratio)를 구하기 위해 or 옵션을 추가하여 분석하였다.

그림 5-26 or 옵션을 추가한 logit 분석결과

```
. logit foreign mpg, or

Iteration 0:   log likelihood =  -45.03321
Iteration 1:   log likelihood = -39.380959
Iteration 2:   log likelihood = -39.288802
Iteration 3:   log likelihood =  -39.28864
Iteration 4:   log likelihood =  -39.28864

Logistic regression                             Number of obs   =         74
                                                LR chi2(1)      =      11.49
                                                Prob > chi2     =     0.0007
Log likelihood =  -39.28864                     Pseudo R2       =     0.1276


     foreign │ Odds Ratio  Std. Err.      z    P>|z|    [95% Conf. Interval]
─────────────┼───────────────────────────────────────────────────────────
         mpg │  1.173232   .0616975     3.04   0.002     1.05833    1.300608
       _cons │  .0125396   .0151891    -3.62   0.000    .0011674    .1346911
```

odds ratio는 1.173이고, p값은 0.002이다. 따라서 연비(mpg)가 한 단위 증가할 때 외국차종(foreign)의 오즈비(Odds Ratio)는 1.173이라 할 수 있다. 오즈비는 $100(e^b-1)$; $e^b=\mathrm{EXP}(b)$로 계산되기 때문에 1.173을 적용하면 $100*(1.173-1)=$ 17.3%이다. 따라서 mpg가 한 단위 증가하면 foreign의 오즈비는 17.3% 증가한다고 해석하면 된다.

> **ref.** 로그오즈(log odds)와 오즈비(odds ratio)는 차이가 있다. 일반적으로 로지스틱이라는 용어는 로짓(logit)이라 부른다. 이는 로그오즈(log odds)의 줄임말이다. 궁극적으로는 오즈(odds)에 로그(log)를 취해준 값을 추정하게 된다. 이를 위해 확률과 오즈비에 관해 논의할 필요가 있다.
>
> 예를 들어 100명이 취업프로그램에 참가하여 60명이 취업에 성공하였다면 성공한 확률은 0.6(60%)이 된다. 즉 0과 1 사이의 값을 지닌다. 반면 오즈비는 사건이 발생할 확률이 사건이 발생하지 않은 확률에 비해 얼마나 큰지를 나타내준다. 즉, 1.5(60/(1-60))가 되는데 그 과정은 다음과 같다.
>
> $$\text{확률 } P(A) = \frac{\text{사건 } A \text{가 발생하는 경우의 수}}{\text{발생할 가능성이 동일한 전체 경우의 수}}$$
>
> $$\text{오즈}(odds) = \frac{\text{사건이 발생할 확률}}{\text{사건이 발생하지 않을 확률}} = \frac{P(A)}{1-P(A)}$$

표 5-1 확률, 로그오즈, 오즈(odds)와의 관계

라이확률(P)	로그오즈	승산(odds)	확률 (P)	로그오즈	승산(odds)
0	$-\infty$	0	0.6	0.41	1.50
0.1	-2.19	0.11	0.7	0.84	2.33
0.2	-1.38	0.25	0.8	1.38	4.00
0.3	-0.84	0.43	0.9	2.19	9.00
0.4	-0.41	0.67	0.99	4.59	99.00
0.5	0	1.00	1	∞	∞

<표 5-1>은 확률과 로그오즈, 오즈비의 관계가 서로 어떻게 연관되어 있는지를 설명하고 있다. 확률이 0.5일 때 어떤 사건이 발생하거나 발생하지 않을 확률이 동일할 때 로그오즈는 0이고, 확률이 0.5보다 작으면 로그오즈는 음수 값을, 반대로 확률이 0.5보다 크면 양수 값을 갖는다. 한편 확률이 0 또는 1일 경우에는 각각 무한대의 값을 갖는다($-\infty$, ∞).

ref. logit과 logistic

이미 설명한 바와 같이 logit은 로그오즈비(logit = log(odds) = log{p/(1−p)})이다. 이때, P에 대한 모형은 로짓이라고 하는 자연로그로 변환된 오즈를 모형화한 것이다. 즉 logit은 로그오즈비로 표시된다. 한편 logistic은 오즈비로 표시되고 or옵션을 활용할 수 없다.

logit q1 q2 q3, or
logistic q1 q2 q3

여기서 활용하는 예제데이터는 r16/lbw.dta이다. 분석에 활용되는 변수는 low인데, 이 변수는 저체중아 여부(2,500g이하)이다. 이제 범주형 변수(race)를 활용하여 저체중아 분포를 알아보자.

. tab race low

	birthweight<2500g		
race	0	1	Total
white	73	23	96
black	15	11	26
other	42	25	67
Total	130	59	189

이제 흑인(race=2)을 기준집단으로 놓고 tabodds를 산출해보자.

. tabodds low race, base(2) or

race	Odds Ratio	chi2	P>chi2	[95% Conf. Interval]	
white	0.429639	3.40	0.0652	0.170347	1.083607
black	1.000000	.	.	.	.
other	0.811688	0.19	0.6589	0.320839	2.053482

Test of homogeneity (equal odds): chi2(2) =   4.98
                                  Pr>chi2 =   0.0830

Score test for trend of odds: chi2(1) =   3.57
                                  Pr>chi2 =   0.0588

백인(white)의 오즈비는 0.429와 다른 인종(other)의 오즈비는 0.811로 저체중아(low, <2,500g) 위험 추정값은 참조(기준)집단인 흑인(black)에 비해 낮다. 두 추정량 모두 유의한 차이를 보이지 않고 있으며, 세 인종에 대한 오즈 차이 결함검정결과도 유의하지 않다(p=0.08).

이제 흑인을 참조집단으로 로지스틱모형의 추정 값을 알아보자(or 옵션 활용 불가).

. logistic low b2.race

```
Logistic regression                      Number of obs    =         189
                                         LR chi2(2)       =        5.01
                                         Prob > chi2      =      0.0817
Log likelihood = -114.83082              Pseudo R2        =      0.0214
```

low	Odds Ratio	Std. Err.	z	P>|z|	[95% Conf. Interval]	
race						
white	.4296389	.1991007	-1.82	0.068	.1732386	1.065522
other	.8116883	.3819123	-0.44	0.657	.3227642	2.041236
_cons	.7333333	.2911026	-0.78	0.435	.3368294	1.596588

. logit low b2.race

```
Iteration 0:   log likelihood =   -117.336
Iteration 1:   log likelihood = -114.84273
Iteration 2:   log likelihood = -114.83082
Iteration 3:   log likelihood = -114.83082
```

```
Logistic regression                      Number of obs    =         189
                                         LR chi2(2)       =        5.01
                                         Prob > chi2      =      0.0817
Log likelihood = -114.83082              Pseudo R2        =      0.0214
```

low	Coef.	Std. Err.	z	P>|z|	[95% Conf. Interval]	
race						
white	-.8448103	.4634141	-1.82	0.068	-1.753085	.0634647
other	-.2086389	.470516	-0.44	0.657	-1.130833	.7135555
_cons	-.3101549	.3969581	-0.78	0.435	-1.088179	.4678687

logistic은 tabodds와 동일한 결과가 산출된다. 다만 신뢰구간과 p값의 계산 방식이 달라 추정값은 다소 차이를 보인다. 또한 _cons＝0.733인데, 이는 참조집단(흑인)의 오즈, 다시 말해 흑인여성간 저체중아 출산의 오즈이다. logit은 로그오즈비를 표시하고, logistic은 참조집단에 대한 로그오즈를 _cons의 계수로 보여준다.

> **ref.** logit의 결과값을 가지고 logistic의 오즈비를 계산해보자.
>
> 위 표에서 백인산모와 흑인산모를 비교한 계수는 0.8448인데, 이를 오즈비로 환산하면 0.4296이 된다(exp(-0.8448) = 0.4296). 상수를 기준으로 환산해보면 exp(-0.3102)=0.7333이 되며, 이에 해당하는 위험은 0.420이다(0.7333/1+ 0.7333=0.42).

이제 Wald검정을 활용하여 세 인종간 차이가 없다는 가설을 확인해보자.

```
. testparm i.race

 ( 1)   [low]1.race = 0
 ( 2)   [low]3.race = 0

          chi2(  2) =      4.92
        Prob > chi2 =     0.0853
```

위 결과 값에 기초해볼 때 5% 유의수준에서 세 인종 간 차이가 없는 가설을 기각할 수 없다. 다시 말해 인종간 차이가 있다고 할 수 있다.

> **ref.** ordered logit
>
> logit은 0 또는 1로 구성된 변수를 활용한다. 이와 달리 ordered logit은 1〜5(통상 설문지 작성에 활용되는 likert척도)로 구성된 변수를 활용한다. 이를 순서형로짓이라 부른다. 즉 0 또는 1이 아니라 likert척도(1〜5)를 활용하여 logit을 분석한다(명령어는 ologit).

5.6 다중공선성 및 이분산성 검증

5.6.1 다중공선성(multi-collinearity)

다중공선성은 변수가 하나일 때 발생하지 않는다. 즉, weight나 mpg 등 하나의 독립변수를 사용하여 분석할 경우 다중공선성이 발생할 가능성이 전혀 없다.

다중회귀분석을 실행할 경우 불가피하게 weight, mpg, foreign 등 두 개 이상의 독립변수를 사용한다. 이 경우 두 변수간 서로 선형관계가 발생할 개연성이 있고, 서로 강한 관련성이 보이게 될 때 분산이 커지게 된다. 다시 말해 서로 선형관계에 있는 두 변수가 동시에 사용될 경우 다중공선성이 발생할 수 있는 가능성이 큰데, 최악의 경우 하나의 변수를 활용하여(단순회귀분석) 분석할 때는 유의미한 결과가 도출되었다가 두 변수를 동시에 분석할 경우 유의미하지 않게 되는 경우도 있다.

이럴 경우 일반적으로 상관관계분석을 해보면 보통 r값이 0.9보다 클 경우가 많고 0.8 이상이면 문제가 발생할 가능성이 높다. 이때 분산팽창계수(VIF)를 통하여 변수간 상호관계를 알 수 있다. 다중공선성이 발생되면 그 변수를 모형에서 제외하는 경우를 생각해 볼 수 있고, 변수를 변환(and/or)하는 방법이 있다.

VIF의 산출공식은 $VIF = \frac{1}{1-R^2}$ 이다. 이때 R^2은 결정계수를 의미하고, 일반적으로 VIF가 10보다 크면 다중공선성을 의심해봐야 한다. 동일한 맥락에서 1/vif가 0.1보다 작으면 다중공선성을 의심해봐야 한다. 다중공선성(vif)을 검정하기 위한 명령어는 estat vif를 활용하면 된다.

그림 5-27 vif 실행결과

```
. qui reg price weight foreign mpg

. estat vif

    Variable |      VIF     1/VIF
-------------+----------------------
      weight |     3.86   0.258809
         mpg |     2.96   0.337297
     foreign |     1.59   0.627761
-------------+----------------------
    Mean VIF |     2.81
```

ref. 다중공선성은 두 가지 형태로 나눌 수 있다. 하나는 극단적 다중공선성이고, 다른 하나는 준 극단적 다중공선성이다(Paul D. Allison, 1998). 극단적 다중공선성에 관해 설명하면 분석모형에 포함된 두 개 이상의 변수들간 완벽한 선형관계가 존재한다는 점이다. 즉 두 변수간 오차가 없다는 것이고 상관계수가 1 또는 -1이라는 점이다. 하지만 이러한 경우는 극단적인 경우일 뿐 존재할 가능성이 적다. 때로는 더미변수를 잘못 사용했을 경우에도 발생되는데 이를 방지하기 위해 집단 수에서 하나의 변수를 제외하여 더미변수를 만드는 근본적인 이유이다.

5.6.2 이분산성

이분산성에 대한 가설검정은 Breusch-Pagan/Cook-weisberg검정과 white검정이 있다.

분석을 위해 사용된 예제데이터파일은 sysuse auto이다.

Breusch-Pagan / Cook-weisberg검정

db estat

그림 5-28 db estat

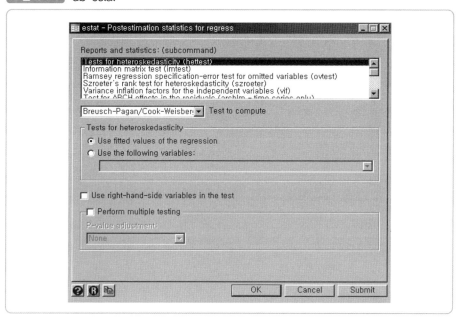

위 대화창에 subcommand에는 "Test for hettest"를, Test to compute에는 "Breusch-Pagan/Cook-weisberg검정"을 선택하고, Test or heteroskedasticity에는 "Use fitted values of the reg."를 선택한 후 OK버튼을 실행하면 다음과 같은 명령어(estat hettest)와 분석결과가 도출된다.

그림 5-29 gen 실행

```
. qui reg price weight mpg

. estat hettest

Breusch-Pagan / Cook-Weisberg test for heteroskedasticity
        Ho: Constant variance
        Variables: fitted values of price

        chi2(1)      =     14.78
        Prob > chi2  =    0.0001
```

위 분석결과는 카이제곱분포에 근거한 Breusch-Pagan/Cook-weisberg검정 결과이다. 귀무가설은 동분산을 가정하고 있다. 그러나 p값이 0.05 이하이기 때문에 5% 유의수준에서 귀무가설을 기각한다. 즉, 오차항에 이분산성이 존재한다고 할 수 있다.

imtest: white

그림 5-30 imtest 대화창

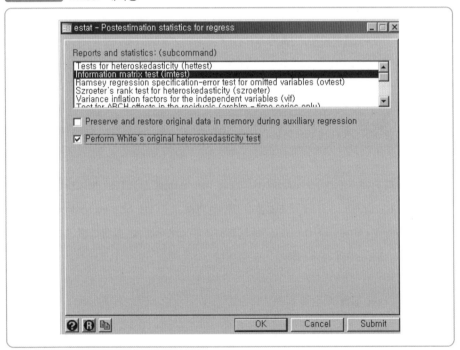

그림 5-31 white 옵션을 적용한 imtest

```
. estat imtest, white

White's test for Ho: homoskedasticity
        against Ha: unrestricted heteroskedasticity

        chi2(5)        =        16.09
        Prob > chi2    =        0.0066

Cameron & Trivedi's decomposition of IM-test


               Source  |  chi2    df      p

    Heteroskedasticity |  16.09    5    0.0066
              Skewness |  18.40    2    0.0001
              Kurtosis |   1.10    1    0.2945

                 Total |  35.59    8    0.0000
```

White 검정 결과, Breusch-Pagan/Cook-weisberg 검정 결과와 마찬가지로 동분산 가정을 기각할 수 있다. 즉, p값이 0.05 이하이기 때문에 5% 유의수준에서 귀무가설을 기각하는데 오차항에 이분산성이 존재한다고 할 수 있다.

이분산성이 존재하면 vce(robust) 옵션을 사용하여 통제가 가능하다. 그러나 vce(robust)을 옵션으로 추정한 후 estat hettest는 불가하다. 따라서 OLS보다는 GLS추정(xtgls)이 더 효율적인 결과를 얻을 수 있다.

5.7 내생성 통제 및 도구변수 추정

5.7.1 내생성

사회과학자료를 활용한 통계분석에서 흔히 문제를 일으키는 것이 바로 내생성 이슈이다. 몇 가지 사례를 들어 내생성의 문제를 생각해보자. '사교육을 많이 받으면 성적이 올라간다'. '평준화교육이 학생의 성적을 향상시킨다'. '아침에 일찍 일어나는 사람이 사회적 성공을 이룰 수 있다'라는 실증분석결과가 도출되었다고 가정해보자. 이렇듯 실제 자료를 활용한 통계분석의 추정치(coef)를 인과효과라고 해석하는 것이 타당한 것일까? 여러 가지로 생각해 볼 것은 학부모의 입장에서 사교육을 많이 시켰음에도 불구하고 왜 우리 아이의 성적은 올라가지 않을까?, 평준화교육을 하고 있는데도 학생의 성적은 오히려 떨어질까?, 왜 아침 일찍 일어나는데도 사회적 성공은 못하고 있는 것일까? 이 세 가지 분석결과는 믿을만한 것이 못되는 것인가? 심각한 의문이 든다.

위 사례를 곰곰이 생각해 보면 정확한 통계분석을 전제로 추정치에 대한 정확한 해석이 얼마나 중요한지 금방 알 수 있게 된다. 왜냐하면, 올바른 기준에 기초한 다양한 정책을 펼쳐야만 제대로 된 효과를 발휘할 수 있다. 만약 그렇지 않으면 의도된 결과를 발생하지 않아 국민의 세금이 낭비됨은 물론 그 피해는 국민에게 전가되고 만다. 즉, 정부에서 시행하는 교육정책들이 잘못된 통계분석과 해석에 기초를 두고 있다면(예: 사교육 폐해인식, 평준화교육의 실행, 자유학년제 등), 그로 인해 피해는 고스란히 학생과 학부모들에게 전가된다. 우리가 학교에 다니면서 했던 고생스러운 일들이 학자들의 잘못된 분석결과 때문에 발생한 것은 아닐까? 이 정책을 쓰면 이런 결과가 나올 것이라는 호언장담하면서 실행한 정책들이 의도된 결과는 달성하지 못하고 학생들만 괴롭힌 것인데, 통계분석의 오류 때문에 일어난 것은 아닐까? 통계에 대한 올바른 이해가 연구자에게 학술적인 논쟁거리로만 머무르지 않은 이유가 바로 여기에 있다.

이미 설명한 바와 같이 '사교육 여부와 학업성적' 간의 관계를 분석하기 위해 활용되는 통계분석과 추정치의 해석방법은 어떤 자의적인 누락이나 첨가없이 그대로 적용한다. 적절한 설문조사자료를 구성하고 선형 회귀모형을 최소자승법(OLS)을 활용하여 $\hat{\beta}$를 구한 뒤 우리는 이 수치를 해석한다. 사교육 여부와 성적의 관계를 인과관계로 해석한 연구자라면 사교육 여부와 성적 간의 추정치도 반드시 인과관계로서 해석해야 한다. 다시 말해 "성적을 높이려면 반드시 사교육을 하는 것이 바람직하다"라고 해석한 뒤 연구자 본인은 물론 독자들에게 반드시 사교육을 할 것을 권고해야 마땅하다. 그러나 실상은 꼭 그렇지 않다. 그 외에도 이와 비슷하게 연구할 수 있는 주제들은 다양하다(예: 비정규직법과 고용규모 간). 일반적으로 분석결과 $\hat{\beta}_1$은 설명(독립)변수 d가 결과(종속)변수 y에 미치는 인과관계를 보여준다"고 설명한다.

$$y_i = \beta_0 + \beta_1 d_i + u_i \qquad (5.1)$$

위의 식(5.1)에서 i는 개체단위인 학생을 표시하며, 개체의 일련번호이다. d_i는 학생 i의 값(1 또는 0, 사교육을 받은 학생(d=1), 안 받은 학생(d=0))이고, y_i는 학생 i의 값이다. u_i는 y값 중에서 d로서 설명되지 못하는 나머지 부분으로서 오차항(error-term)이라고 부른다. β_0와 β_1은 위 모형에서 추정하고자 하는 계수이다. 즉, d가 y에 미치는 영향은 β_1의 값을 추정함으로써 알 수 있다. 우리가 흔히 말하는 최소자승법은 매우 간단한 통계방법에 의해 추정된다. 즉, 최소자승법에 의해 계산된 β_0와 β_1의 추정치는 $\hat{\beta}_0$와 $\hat{\beta}_1$로 표시한다. 최소자승법으로 계산된 식 (5.1)의 추정치 $\hat{\beta}_1$는 종속변수의 평균값의 단순 차분인 '$\overline{y_1} - \overline{y_0}$'와 정확하게 일치한다($\hat{\beta}_1 = \overline{y_1} - \overline{y_0}$)(Wooldridge, 2015). 즉, d가 이항변수이기 때문에 d와 y의 관계는 y의 단순차분으로 구할 수 있고, 최소자승법에 의한 선형회귀분석으로 구할 수도 있다. 이때 선형모형의 추정치 $\hat{\beta}_0$는 $\overline{y_0}$와 같다($\hat{\beta}_0 = \overline{y_0}$). 이제 해석방법에 관해 알아보자. 추정치 $\hat{\beta}_1$의 값이 양의 값(+)이라고 한다면, d가 0에서 1로 변화할 때(사교육을 받을 경우) y는 평균$\hat{\beta}_1$만큼(즉, $\overline{y_1} - \overline{y_0}$) 학업성적이 증가하는 것으로 해석할 수 있다. 반대로 추정치 $\hat{\beta}_1$의 값이 음의 값(−)이면, 사교육 여부가 학생의 학업성적을 평균$\hat{\beta}_1$만큼 하락시키는 것으로 해석할 수 있다.

그런데 이러한 해석결과를 발표하게 되면, 예외 없이 다음과 같은 질문에 맞닥뜨리게 된다. "위의 식 (5.1)을 이용한 통계분석에서는 d의 내생성(endogeneity)이 적절히 통제되지 못하기 때문에 $\hat{\beta}_1$을 인과적으로 해석하기는 곤란하다."는 식의 질문이다. d의 내생성 문제를 지적하는 것은 지극히 정당하다. 정당한 지적임을 알면서 연구자는 이를 무시하는 경우가 적지 않다.

5.7.2 내생성의 근원*

내생성은 식(5.1)에 제시된 독립변수 d가 오차항 u와 체계적으로 연관되어 있다는 의미인데, 여기서 체계적으로 연관되었다는 것은 완벽히 제거되지 않은 불완전한('불편한') 결과라고 의심해볼 수 있다. 그런데 문제는 연구자들이 "불편한" 결과에 대해서는 불완전한 결과라고 생각하면서, "불편하지 않은" 결과에 대해서는 아무런 문제가 없다고 쉽사리 인정하는 것이다. 사교육여부와 학업성적의 관계에 대한 실증결과에 내생성이 있다고 판단한다면, 가설의 방향과 일치하는 소위 말해 연구자의 마음에 드는 실증결과에도 당연히 내생성이 있다고 판단해야 옳다. 이미 내생성에 오염되어 있을지도 모르는 분석결과를 문제가 없는 인과관계로 해석하는 것이 문제의 근원이다. 우리 사회의 중요한 정책결정이 사실은 내생성의 문제를 내포하고 있어 왜곡될 가능성이 아주 높다. 내생성의 문제가 사회 정책을 어떻게 왜곡시키는지를 보여주는 재미있는 일화에 관해 알아보자.

러시아 독재자(czar)에 관한 옛 이야기 중 하나를 이야기해 보자. "어느 날 독재자는 의사들이 많이 사는 지방에 질병 발병률 높다는 사실을 발견하게 된다. 그는 질병을 없애기 위해 의사들을 모두 처형하라고 지시했다"(Levitt and Dubner, 2005). 이 독재자는 i는 지역, d는 의사들의 숫자, y는 질병 발병률 변수(의사의 수와 질병 발병률 정보가 있는 지역별 자료)를 활용하여 식 (5.1)을 추정하였고, 추정치 $\hat{\beta}_1$은 통계적으로 유의미한 양의 값(+)을 얻었다. 독재자는 실증분석결과에 기초하여 질병 발병률을 낮추고자 그 지역의 의사들을 처형하라는 지시를 내린 것이다. 이렇듯 내생성은 과거였다면 사람들의 목숨마저 위협할 수도 있을 만큼 중요한 사안인 것이다.

실제로 내생성은 우리의 일상생활에 영향을 미치는 것은 물론 정책결정과정에서 심각한 영향을 미치기 때문에(예: 왜곡) 내생성의 원인을 정확히 이해하고 그것을 바로잡는 일은 대단히 중요하다. 내생성을 간략히 정의하면 독립변수 d와 오차항 u간 체계적인 관계가 존재하는 상황이다. 이 경우, '독립변수 d가(u에 대해) 내생적(endogenous)이다'고 말한다. 한편, d와 u 간에 체계적 관계가 제거되어

---

* 이하 내용은 문화체육관광부 "관광정책 및 관광사업 프로그램 평가방법"을 요약함.

d가(u에 대해) 내생성이 없는 경우 'd가 외생적(exogenous)이다'라고 말한다. 이론적으로 d의 내생성을 유발하는 원인들은 다양하다. 일반적으로 통계분석과정에서는 누락변수, 역 인과관계, 자기선택, 측정오차 등의 이유로 발생한다.

누락변수(omitted variables)

독립변수가 누락되는 경우 내생성이 발생한다. 통계분석과정에서 누락된 요인이 정확히 무엇인지를 알 수 있다면 매우 다행스러운 일이다. 조사 자료를 뒤져서라도 변수를 찾아낸 다음 분석자료를 구축하면 문제가 쉽게 해결될 수 있기 때문이다. 하지만 일반적으로는 도대체 누락된 변수가 무엇인지조차 모를 경우가 많다. 설령 안다고 하더라도 누락변수를 정확하게 측정할 수 없는 경우가 적지 않다.

우리가 주위를 돌아보면 초보 통계추론 과정에서도 누락변수의 가능성은 흔히 발견할 수 있다. 독서량과 성적에 관해 생각해 보자. 성적에 영향을 미치는 요인은 다양하다. 예컨대, 엄마 친구 아들(엄친아)이 공부도 잘하고 책도 많이 읽는 것을 관찰한 엄마들이 자기 아이에게 책을 많이 읽으라고 충고하는 경우를 생각해 보자. 그런데 그 엄친아가 공부를 잘하는 이유는 과연 무엇일까? 아이가 책을 많이 읽어서일까? 아니면 엄마로부터 좋은 유전자를 물려받았기 때문일까? 이렇듯 아이가 책을 많이 읽는 행위(d)과 성적(y) 간의 관계를 추론하는 과정에서 엄마의 지적 능력 변수(u)가 누락될 수 있다. 이 경우 아이의 성적을 결정하는 진짜 요인은 독서 행위가 아닌 유전자를 통해 전해진 엄마의 지적 능력이다. 엄마의 지적 능력이 추론과정에서 누락되었을 뿐인데, 책을 많이 읽어서 공부를 잘하는 것으로 보일 뿐이다.

엄친아의 독서행위가 내생적인 경우, 아이에게 책을 많이 읽도록 강요하는 것은 성적에 아무런 영향을 주지 않는다. 내생성은 학자들도 통계분석 과정에서도 누락변수의 가능성은 적잖게 발견할 수 있다.

또 다른 사례에 관해 논의해보자. 학업성적 향상이 사교육 여부와 무슨 관련이 있을까? 사교육의 영향일까 아니면 부모의 경제상태(또는 지적능력)일까? 평준화 학교에 재학하는 학생들의 성적이 비평준화 학교 학생들의 성적보다 높은 이유는 무엇인가? 평준화 학교교육의 실제 효과일까? 아니면 평준화 학교들이 대체로 대도시에 위치하고 있기 때문일까? 그것도 아니면 책을 즐겨 읽는 부모를 둔

자녀가 공부를 잘하는 것은 자녀가 부모의 책 읽는 보습을 보고 학습한 결과일까? 아니면 책을 좋아하는 부모의 지적능력이 단지 유전된 결과일까?

이러한 질문들에 대한 정확한 해답을 구하기 위한 방편은 누락변수의 가능성을 필히 고려해야 한다. 과학에서는 하나가 틀리면 모두가 틀린다는 기준을 적용할 수 있는데, 이 기준을 적용할 때 이론적으로 하나의 변수라도 누락될 가능성이 있다면 그 실증분석결과는 옳은 분석결과라고 해석하기는 다소 곤란하다. 사회과학분야의 많은 연구들이 설명변수를 늘림으로써 누락변수의 가능성을 줄이려고 노력한다. 그러나 이러한 노력이 수반되더라도 과학적으로 만족스런 결과에 이르지 못한다고 할 수 있다. 왜냐하면, 종속변수에 영향을 미치는 모든 요인을 통제하는 일은 실제로 불가능할 뿐만 아니라 어떤 요인들은 애초부터 관측이 불가능하고 측정도 불가능하기 때문이다.

역 인과관계(reverse causality)

역 인과관계는 독립변수 d가 종속변수 y에 영향을 미치는 것뿐만 아니라 반대로 y가 d에 영향을 미치는 경우를 말한다. 이를 일컬어 '역의 인과관계'라고 부른다. 예컨대, 병원방문과 건강 간 관계를 분석한다면 '개인의 생활습관' 변수가 포함되지 않아 '누락변수'의 문제도 있지만 '역의 인과관계'는 더 심각한 문제라 할 수 있다. 즉, 병원방문이 건강상태를 악화시키는 것이 아니라, 건강이 안 좋은 사람이 병원에 자주 갈 가능성이 높기 때문이다. 실제로는 건강이 안 좋은 사람이 병원에 자주 갈 가능성이 높기 때문에 '병원 방문'을 d로,'건강상태'를 y로 설정하여 회귀분석하면 '병원방문이 건강을 악화시키는 것처럼' 해석된다. 따라서 이러한 분석결과는 어딘가 마음이 불편해진다. 이는 진실이 아니기 때문이다. 따라서, 둘 간 연구는 건강상태를 d로, 병원방문 횟수를 y로 분석하는 것이 보다 진실에 가까운 분석결과를 얻을 수 있다.

이미 설명한 '러시아 독재자의 사례' 또한 질병 발병률이 의사의 수에 미치는 역의 인과관계를 적절히 고려하지 못한 것에 기인한다. 우리는 학술연구 분야에서도 '역의 인과관계'를 적절하게 고려하지 못하는 경우를 흔하게 발견한다. 예컨대, 경찰관의 수(d)가 범죄발생률(y)에 미치는 영향 등을 연구할 때 종속변수 y가 독립변수 d에 미치는 역의 인과관계가 없는지 면밀히 검토할 필요가 있다.

자기선택(self-selection)

사람들은 일상 생활을 하는 가운데, 본인에게 가장 적절하다고 생각하는 선택을 자유롭게 하면서 살아간다(책을 좋아하는 사람은 책을 많이 읽는다.) 이러한 '자기선택' 요소를 통계분석에 제대로 반영하지 못하면 내생성이 발생하게 된다. 자기선택은 개인에 국한되지 않고, 정부 또한 가장 알맞은 선택을 하면서 살아간다 (우리나라의 경우, 수출집약적 산업구조를 선택). 연구자는 독립변수를 d로, 종속변수를 y로 설정하고 회귀분석을 적용한다. 이 분석으로 추정된 계수 $\hat{\beta}_1$는 정말 d가 y에 미치는 인과관계일까? 만약 그 대답이 '그렇지 않다'라면 이는 자기선택의 경고임을 상기해야 한다. 우리는 실제 통계분석에서 d가 y에 미치는 영향인지 아니면 그 반대인지 정확하게 알지 못하는 경우가 많다. 상관관계가 곧 인과관계를 의미하지는 않는다. 달리 표현하면 서술(description)이 곧 처방(prescription)을 의미하지는 않는다. 자기선택을 적절히 고려하지 않아 해석상 오류가 범하는 사례가 적지 않다. '부자들(y)은 좋은 차를 탄다(d)'는 객관적 사실(즉, '상관관계')은 '좋은 차를 타면 부자이다'라는 '인과관계'로 해석해서는 안 된다. '강남 지역의 학생들이 강북지역의 학생들보다 학업성적이 높다'는 객관적 사실이 '강남으로 학교 보내야만 아이의 학업성적이 좋아진다'는 인과관계로서 해석되지 않는 것과 마찬가지이다.

진실 아닌 어떤 것이 진실보다 더 진실처럼 보이는 경우를 우리는 흔하게 본다. 이러한 혼동을 피하기 위해서는 연구자들은 자기선택의 문제를 명확히 인식할 필요가 있다. 내생성의 문제는 비단 연구자들만의 오류는 아니라 사회 전반에 걸쳐 정책결정자가 의사결정시 오류의 위험은 항상 내포되어 있다.

측정오차(measurement errors)

사람들이 설문조사에 응답할 때에는 진실을 정확하게 답하는 경우가 있지만, 의도적으로(또는 실수로) 거짓으로 답하는 경우도 있다. 설문 응답자가 거짓으로 답한 설문조사 자료는 진실과 거리가 멀어지는데, 이를 '측정오차'가 있다고 한다. 다만 실제 통계분석시 '측정오차'는 무작위적으로 발생한다고 가정하기 때문에 이를 그리 심각하게 다루지 않는다. 심각하게 인식해야 할 점은 어떤 경우에는 '측정오차'가 체계적으로 발생함으로써 내생성을 유발하기도 한다. 예컨대, 매년 건강검진에 앞서 문진표 작성시를 떠올려 보자. 문진표의 조사항목에서 우리에게 음주량이나 흡연량을 물으면 응답자들은 이에 대해 정확히 답하지 않는 경향이 있다. 실제 건강하지 않은 응답자일수록 음주량 또는 흡연량보다는 적게 응답한다는 것이다. 즉, 건강이 좋지 않은 흡연자가 건강한 흡연자에 비해 하루 흡연량을 실제보다 작게 기록하는 경향이 있다. 왜냐하면 설문조사자(의사)가 응답자의 응답내용을 확인할 수도 있다는 염려 때문일 것이다.

　이런 상황을 인지하지 못한 상태에서 연구자가 "흡연량(또는 음주량)이 사람들의 건강상태에 미치는 영향을 연구한다"라고 가정해보자. 연구자는 흡연량(d)과 건강상태(y)정보를 활용하여 회귀분석을 수행할 것이다. 건강하지 않은 응답자가 건강한 응답자에 비해 흡연량을 실제보다 적게 응답하는 경향이 있다면, 추정치 $\hat{\beta}_1$은 흡연량과 건강상태 간에 존재하는 실제 효과를 과소평가하게 된다. 이와 반대의 경우도 있는데, 성인 남자 중 키가 170cm가 되지 않는 사람이 적지 않다. 그럼에도 설문조사에서 키를 적으라고 하면 166cm, 167cm, 168cm, 169cm인 사람의 대부분이 170cm이상으로 기록한다. 166~169cm는 거의 적지 않는다. 즉, 과대평가하고 있다.

　이미 설명한 누락변수, 역의 인과관계, 자기선택 등으로 인해 내생성이 전혀 발생하지 않더라도, '측정오차'로 인해 추정된 관계가 실질을 제대로 반영하지 못하게 된다. 따라서 독립변수의 측정오차가 종속변수와 체계적인 연관관계가 없는지 통계분석전 체계적 검증이 필요하다. 우리가 흔히 접하게 되는 설문조사 방식의 '관측 자료(observational data)'는 통계분석시 내생성을 발생시키게 된다(누락변수, 역의 인과관계, 자기선택, 측정오차). 실제 통계분석시 내생성의 원인을 완전히 통제하는 것은 힘들다. 즉, 지금까지 설명한 내생성의 원인 이외에도 독립변수 d가 내생적일 이론적 가능성은 무수히 많다. 하지만 이러한 경우의 수만을 고려한다고 하더라도 내생성을 발생시킬 수 있는 상황을 놓치는 경우는 대단히 드물다. 함축하면, 설문자료를 활용하여 통계분석을 하는 경우는 물론 통계분석결과를 해석하는 경우에는 내생성의 가능성은 없는지를 네 가지 관점에서 반드시 확인할 필요가 있다.

5.7.3 상관관계(correlation)와 인과관계(causation)

내생성에 관해 정확하게 인식하였다면 상관관계인지 아니면 인과관계인지 살펴봐야 한다. 우리는 흔히 관측 자료에 나타난 사실을 보여주는 상관관계에 불과한데, 독립변수의 내생성이 통제된 후 추정된 인과관계로 해석하는 경우가 있다. 즉, 단순 상관관계에 불과한데도 인과관계로 해석하는 것이다. 내생성이 의심되는 분석결과를 인과효과로서 해석하는 것이 통계분석에서 나타나는 가장 심각한 오류 중 하나이다. 이러한 해석은 한편 통계결과를 활용해 거짓말을 하는데 대단히 유용하게 사용된다. 단순한 상관관계를 추정해 놓고 그것을 인과관계라고 주장하는 것이다. 통계분석결과에 막연한 경외심을 가진 일반인은 이러한 거짓말에 쉽게 넘어간다. 실증연구에서 발견된 관계가 사실을 서술한 "상관관계"일뿐 "인과관계"가 아님에도 이를 활용하는 경우가 적지 않다.

우리는 종종 신문에 보도된 연관성에 관한 연구를 접하게 된다. 담배 피우는 사람의 피부암 발병가능성이 높다는 기사이다. 이 기사에서는 분명히 연관성(즉, 상관관계)을 이야기하고 있다. 흡연자가 피부암 발병 가능성이 높다는 것으로 피부암 발병을 낮추기 위해 어떤 조치를 취해야 하는지는 언급하지 않고 있다. 왜냐하면 이 기사대로 담배를 끊는다고 해서 피부암 발생가능성을 낮출 수 있다는 보장이 없기 때문이다. 또 다른 사례를 하나 들면, '행복은 성적순이 아니잖아요'라는 영화를 떠 올려 보자. 우리는 종종 '과연 행복은 성적순일까?'하는 의문을 갖는다. 이제 '행복은 성적순이다'라는 가설에 기초하여 실증분석했다고 가정해보자. 분석결과, d의 계수 $\hat{\beta}_1$가 통계적으로 유의미한 양의 값이라면 진짜 행복이 성적순일까?

상관관계가 진단이나 예측에 때때로 유용하지만, 어떤 문제를 해결하기 위한 조치를 취하는데는 유용하지 않다. 즉, 무용지물이 될 수 있고, 상관관계에 기초하여 문제를 해결한다면 심각한 문제를 야기할 수도 있다. 이미 설명한 바와 같이, 의사의 수와 질병발병률 간 상관관계를 인과관계라고 인식하여 이를 해결하기 위해 실행에 옮긴다면 엄청난 위험을 감수하는 것, 질병 발생을 줄이기 위해 멀쩡하고 유능한 의사들을 죽이는 조치를 취한 것이다.

5.7.4 인과관계(causation, causality) 찾기

지금까지 설명한 통계분석을 통해 구한 통계치가 내생성을 적절하게 통제하지 못하면 인과관계가 아닌 상관관계라고 할 수 있다. 즉, 상관관계와 인과관계를 정확히 구분할 필요가 있다. 우리는 흔히 'd의 내생성을 제거한 상태(즉, d가 외생적 상태)'에서 추정해야만 'd가 y에 미치는 인과관계가 있다'라고 확신할 수 있다. 하지만 y에 영향을 미치지만 측정이 불가능하다면 내생성을 완벽하게 통제(제거)하기 어렵게 된다. 그렇다면 어떻게 독립변수 d의 내생성을 제거하고 d가 외생적이 되도록 만들 수 있을까? 통계의 기초로 돌아가보면 d에 대한 무작위배정(random assignment)이 d의 내생성을 제거하는 가장 좋은 방법이다. 로날드 피셔는 d의 무작위 배정 실험(randomization experiments)을 활용하여 d가 y에 미치는 인과효과를 추정했다. 이후 1980년대 후반 들어 일부 경제학자들을 중심으로 아무리 정교한 통계기법을 적용하더라도 내생성을 적절히 통제할 수 없다고 봤다. 따라서 자연실험(natural experiments) 또는 사회실험(social experiments)이 필요하다고 주장한다. 독립변수 d가 무작위로 배정되는 자연실험에서는 d의 내생성이 상당하게 제거되기 때문에 d는 외생성에 가깝다. d가 y에 미치는 인과관계를 검증한다면, 실험 대상자를 처치집단(treatment group, d=1)과 통제집단(control group, d=0)으로 무작위로 구분한 뒤 실험하는 것이다. 실험 대상자를 무작위로 배정하는 과정에서 처치집단과 통제집단 간에 이런 특성의 차이가 평균적으로 제거되기 때문이다. 이 과정에서 처치집단과 통제집단 간에 존재하는 측정 불가능하거나 관측 불가능한 특성들의 차이 또한 제거된다.

5.7.5 도구변수 추정

지금까지 내생성을 어떻게 통제할 것인지에 관해 알아보았다. 연구자는 자신의 회귀모형에서 내생성의 문제가 없는지 충분히 고려하고 이를 입증할 책임이 있다. 한편, 자신의 회귀모형은 내생성이 없다고 강하게 가정하는 것도 문제이지만, 무턱대고 내생성이 있다고 가정하는 것도 문제이다. 즉, 내생성의 문제를 제기하려면 어떠한 문제로 내생성의 문제가 발생하였는지 설명을 덧붙여야 한다.

함축하면, 회귀모형의 내생성이 왜 발생하는지, 오차항 중의 어떠한 요소가 내생성을 일으키는지를 면밀히 검토해야 한다(이미 설명한 누락변수, 측정오차, 표본선택의 문제 등). 결국 연구자는 회귀모형에서 독립변수 또는 공변량(covariates)의 외생성을 입증해야 한다. 항등식 (5.1)에 근거하여 설명하면 독립변수 d의 외생성 조건은 일반적으로 다음과 같다.

$$E[du] = 0 \qquad (5.2)$$

항등식 (5.2)는 독립변수 d와 오차항 u는 직교조건(orthogaality)을 의미하며, 독립변수와 오차항이 체계적으로 상관되어 있지 않다는 조건이다. 반대로 내생성의 문제가 있다면 $E[du] \neq 0$라는 항등식이 성립된다. 내생성의 문제가 발생되면 도구변수는 반드시 찾아야 한다. 이는 회귀모형에서 중요한 것으로 독립변수의 외생적 변화가 관건이기 때문이다. 도구변수를 찾는 것은 일률적 패턴이 있는 것은 아니다. 예컨대, 정책과 관련된 변수를 독립변수로 활용한다면 정책의 변화, 법률 개정 등의 여부가 중요하다. 이제 도구변수의 활용에 관해 논의해보자. 실증분석에서 내생성의 문제를 치유하기 위해 도구변수 추정을 하는 것이 중요한 것은 아니고, 어떠한 조건(종류)의 내생성이 발생하여 회귀모형에서 활용된 도구변수가 어떠한 함의를 가지고 있는지를 설명하는 것이 더욱 중요하다. d와 u가 체계적 상관관계가 있으면 추정치는 편의(bias)를 가지게 된다. 이러한 경우, 도구변수 z 활용은 필수적이다. 어떤 변수가 도구변수로 활용되려면 도구변수는 외생성(exogeneity)과 관련성(relevance)의 조건을 만족해야 한다. 도구변수의 외생성은 $cov(z, u) = 0$의 조건으로 도구변수 z와 오차항 u은 체계적인 상관관계가 없어야 한다. 도구변수의 관련성은 $cov(z, d) \neq 0$의 조건으로 도구변수 z와 내생적 독립변수 d는 체계적 상관관계가 있어야 한다.

2SLS 추정법

일반적으로 패널모형을 분석할 때 설명변수가 외생적인 경우 통합(pooled) OLS, 고정효과모형(FE), 임의효과모형(RE) 추정이 있는 것처럼, 도구변수를 이용한 패널모형분석 2단계 최소자승법(2SLS)에도 통합(pooled)2SLS, 고정효과모형

(FE)2SLS , 임의효과모형(RE)2SLS 추정이 있다. 이에 관해 간략히 설명하면 기본 모형(5.3)에 도구변수 z를 추가하면 모형(5.4)와 같다.

$$y_i = X_i\beta + u_i, \ u_i = \mu_i + \varepsilon_i \qquad (5.3)$$
$$y_1 = \beta_0 + \beta_1 y_2 + \beta_2 z_1 + u_1 \qquad (5.4)$$

위 모형(5.4)에서 y_2를 활용하고 있다는 것은 내생성의 문제가 있다는 것을 암시해주고 있다. 이제 도구변수 z_2, z_3가 더 있다고 가정해보자. 도구변수 z_2, z_3은 y_2와 체계적 상관이 있지만 모형(5.4)의 y_1과 상관이 없어야 한다. 즉, 다음 모형(5.5)와 같다.

$$y_2 = \pi_0 + \pi_1 z_1 + \pi_2 z_2 + \pi_3 z_3 + u_2 \qquad (5.5)$$

2SLS 추정기법의 첫 번째 단계는 모형(5.5)을 활용하여 추정한다. 두 번째 단계는 내생성이 제거된 예측치 $\hat{y_2}$를 활용하여 원래 모형(5.4)를 추정한다. 즉, 1단계에서는 y_2를 z_1, z_2, z_3에 대하여 회귀분석한 후 예측치 $\hat{y_2}$를 구한다. 2단계에서는 y_1을 $\hat{y_2}$과 z_1에 대해서 회귀분석한다.

도구변수 추정을 위한 기본 명령어 구문은 다음과 같다.

ivregress estimator depvar [varlist1] (varlist2 = varlist_iv) [if] [in] [weight] [, options]

도구변수 추정을 위한 estimator는 3가지 중 선택할 수 있다. 일반적으로 ivregress(패널모형은 xtivregress) 2sls를 활용하는데, limi, gmm도 있다. 2sls는 위에서 설명한 2단계 추정법을 말한다. gmm은 generalized method of moments, liml은 한정된 정보만을 활용하여 추정하는 최우추정법을 말한다. 본 절에서는 2sls를 활용하여 추정한다.

2sls: two−stage least squares (2SLS)
liml: limited−information maximum likelihood (LIML)
gmm: generalized method of moments (GMM)

도구변수를 활용한 추정을 위해 데이터를 생성해야 하는데, 우선 command 창에 'webuse educwages'를 입력해보자.

. describe

Contains data from https://www.stata-press.com/data/r16/educwages.dta
  obs: 1,000
  vars: 5   11 Sep 2018 13:36

	storage	display	value	
variable name	type	format	label	variable label
wages	float	%9.0g		Annual wages (USD)
union	float	%9.0g	union	Union membership
education	float	%9.0g		Education (years)
meducation	float	%9.0g		Mother's education (years)
feducation	float	%9.0g		Father's education (years)

Sorted by:

교육에 따른 임금수익률을 추정하는 경우를 가정해보자. 종속변수로는 임금 (wages), 외생변수로는 노조여부(union), 내생변수로는 교육(education) 정도라고 인식하자. 우선, 내생성의 문제를 무시하고 회귀분석(OLS)을 활용하여 교육이 임금에 미치는 영향을 알아본다(임금은 로그값을 취한 이후 분석함).

```
. gen lnwage=log(wage)

. reg lnwage union education
```

Source	SS	df	MS			
				Number of obs	=	1,000
				F(2, 997)	=	3522.12
Model	2.94444605	2	1.47222303	Prob > F	=	0.0000
Residual	.416739079	997	.000417993	R-squared	=	0.8760
				Adj R-squared	=	0.8758
Total	3.36118513	999	.00336455	Root MSE	=	.02044

lnwage	Coef.	Std. Err.	t	P>|t|	[95% Conf. Interval]	
union	.0418348	.0012944	32.32	0.000	.0392947	.0443749
education	.0243783	.0003093	78.82	0.000	.0237714	.0249852
_cons	3.43839	.0050539	680.34	0.000	3.428472	3.448307

위의 추정치를 보면 교육의 수익률이 1년에 약 4.18% 정도 상승하는 것을 알 수 있다. 하지만 교육변수가 내생성변수일 가능성이 있다. 특히, 임금에 영향을 미치는 능력과 같은 변수가 결측되었고, 능력이 학력과 임금을 동시에 결정한다면 OLS 추정치는 일치추정량이 아닐 가능성이 있다. 이를 치유하기 위해 도구변수 추정을 해보자. 먼저 노동자의 교육수준이 아빠와 엄마의 교육 수준이 얼마나 관계가 있는지 분석해본다.

```
. reg education feducation meducation
```

Source	SS	df	MS			
				Number of obs	=	1,000
				F(2, 997)	=	1546.87
Model	3311.41054	2	1655.70527	Prob > F	=	0.0000
Residual	1067.14841	997	1.07035949	R-squared	=	0.7563
				Adj R-squared	=	0.7558
Total	4378.55896	999	4.3829419	Root MSE	=	1.0346

education	Coef.	Std. Err.	t	P>|t|	[95% Conf. Interval]	
feducation	.4868625	.0126204	38.58	0.000	.4620969	.5116282
meducation	.4845725	.0125406	38.64	0.000	.4599635	.5091816
_cons	3.382593	.2288898	14.78	0.000	2.933432	3.831754

위 추정결과에 따르면 아빠 또는 엄마의 교육연수가 많을수록 노동자의 교육연수가 길어지는 경향이 있음을 확인할 수 있다. 이제 이 2개의 도구변수에 기초

하여 교육의 수익률을 다시 추정해보자.

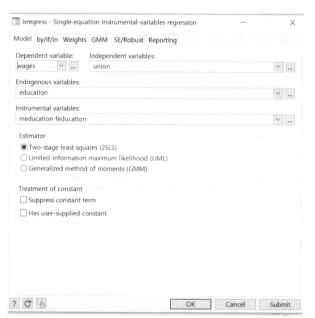

지금까지의 절차는 아래 명령어와 동일하다.

```
. ivregress 2sls lnwage union (education = meducation feducation)
```

```
Instrumental variables (2SLS) regression      Number of obs   =      1,000
                                               Wald chi2(2)    =    3668.05
                                               Prob > chi2     =     0.0000
                                               R-squared       =     0.8577
                                               Root MSE        =     .02187
```

lnwage	Coef.	Std. Err.	z	P>|z|	[95% Conf. Interval]	
education	.0206298	.0003804	54.23	0.000	.0198843	.0213753
union	.0411348	.0013849	29.70	0.000	.0384205	.0438491
_cons	3.498645	.0061912	565.10	0.000	3.48651	3.51078

```
Instrumented:  education
Instruments:   union meducation feducation
```

위 추정결과에 따르면(2sls), 교육의 수익률은 2.06%로 OLS 추정치(4.18%)보다 약 50%정도 작다. 즉, 이미 예상한 바와 같이 OLS 추정치는 교육수익률을 과대추정하고 있었음을 확인할 수 있다.

내생성 검정

모형관련 내생성 검정은 하우즈만 검정(hausman)과 과다식별 검정(overidentification test) 등을 활용할 수 있다. 내생성 검정을 위해 회귀분석의 경우와 유사하게 하우즈만검정(hausman)이 가능하며, 과다식별검정은 통계적으로 도구변수가 적절한지 검정할 수 있다(overid). 앞의 예제를 활용하여 내생성 검정을 해보자.

```
. qui reg lnwage union education

. estimates store IS

. qui ivregress 2sls lnwage union (education = meducation feducation)

. estimates store IV

. hausman IV IS, constant sigmamore
```

Note: the rank of the differenced variance matrix (1) does not equal the number of coefficients being tested
   (3); be sure this is what you expect, or there may be problems computing the test. Examine the
   output of your estimators for anything unexpected and possibly consider scaling your variables so
   that the coefficients are on a similar scale.

| | —— Coefficients —— | | | |
	(b) IV	(B) IS	(b-B) Difference	sqrt(diag(V_b-V_B)) S.E.
education	.0206298	.0243783	-.0037485	.0001756
union	.0411348	.0418348	-.0007	.0000328
_cons	3.498645	3.43839	.0602551	.0028227

```
        b = consistent under Ho and Ha; obtained from ivregress
        B = inconsistent under Ha, efficient under Ho; obtained from regress

Test:  Ho:  difference in coefficients not systematic

        chi2(1) = (b-B)'[(V_b-V_B)^(-1)](b-B)
                =     455.69
        Prob>chi2 =    0.0000
        (V_b-V_B is not positive definite)
```

Hausman 검정결과, '1% 유의수준에서 내생성이 없다는 귀무가설을 기각할 수 있음'을 보여주고 있다.

이에 추가하여 도구변수가 너무 과도한 것은 아닌지를 검정해보자.

```
. estat overid

Tests of overidentifying restrictions:

Sargan (score) chi2(1) =  .126822  (p = 0.7218)
Basmann chi2(1)        =  .12633   (p = 0.7223)
```

과도식별 검정결과, '과도식별(overidentification)이 아니라는 귀무가설을 기각할 수 없음'을 알 수 있다. 즉, 통계적으로 도구변수들이 적절하다고 판단할 수 있다.

제 6 장

카이제곱검정

6.1 카이제곱검정을 위한 가정

6.2 카이제곱검정

6.1 카이제곱검정을 위한 가정

χ^2분포 도출과정은 다음 그림과 같다.

그림 6-1 χ^2분포 도출과정

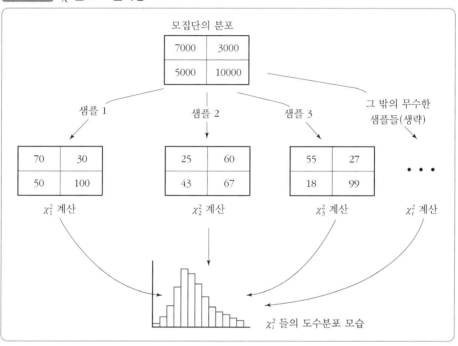

자료: 배득종 · 정성호(2013). p. 215

카이제곱검정은 범주형 변수가 서로 통계적으로 관련이 있는지를 검정하는 방법을 말한다. 1개의 범주형 변수로 분석한다면 tab 명령어를, 2개의 범주형 변수를 사용하면 tab2(two-way)의 명령어를 사용하면 되고 옵션은 다음과 같다.

그림 6-2 chi2 옵션

options	Description
Main	
chi2	report Pearson's χ^2
exact[(#)]	report Fisher's exact test
gamma	report Goodman and Kruskal's gamma
lrchi2	report likelihood-ratio χ^2
taub	report Kendall's τ_b
V	report Cramér's V
cchi2	report Pearson's χ^2 in each cell
column	report relative frequency within its column of each cell
row	report relative frequency within its row of each cell
clrchi2	report likelihood-ratio χ^2 in each cell
cell	report the relative frequency of each cell
expected	report expected frequency in each cell
nofreq	do not display frequencies
missing	treat missing values like other values
wrap	do not wrap wide tables
[no]key	report/suppress cell contents key
nolabel	display numeric codes rather than value labels
nolog	do not display enumeration log for Fisher's exact test
*firstonly	show only tables that include the first variable in *varlist*
Advanced	
matcell(*matname*)	save frequencies in *matname*; programmer's option
matrow(*matname*)	save unique values of *varname₁* in *matname*; programmer's option
matcol(*matname*)	save unique values of *varname₂* in *matname*; programmer's option
‡replace	replace current data with given cell frequencies
all	equivalent to specifying chi2 lrchi2 V gamma taub

[그림 6-2]의 옵션에 관해 설명하면 다음과 같다.

▸ chi2는 피어슨 카이제곱검정을 수행한다.
▸ exact는 피셔의 직접확률 검정을 수행한다.
▸ column은 열백분율을 표시한다.
▸ missing은 결측값을 포함하여 표를 만든다. 기본설정은 제외한다.
▸ nolabel은 값 라벨 대신 코드를 표시한다.

지금까지 알아본 회귀분석은 X-변수와 Y-변수 간 인과관계가 있는지를 검증하기 위해 활용된다. 그러나 교차표분석(chi2)은 행과 열-변수간 관계를 검증하기 위해 활용된다.
교차표분석은 두 변수가 모두 연속변수가 아닌 불연속변수로 구성되어 있다.

그림 6-3 불연속변수의 산포도

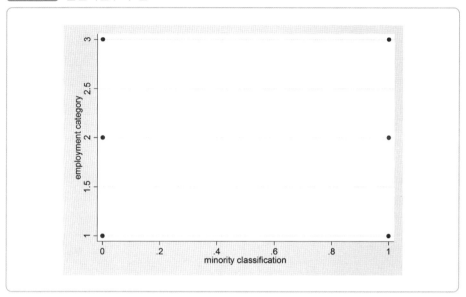

예컨대 직종(하급직 1, 중간직 2, 관리직 3)과 유색인종 여부간 관계를 검증할 수 있다. [그림 6-3]은 이해를 돕기 위해 employee data를 활용하여 산포도를 그려본 것이다. 그러나 그림에서 보듯이 오차를 최소화하는 직선(회귀직선)을 그릴 수 없다. 왜냐하면 두 변수가 모두 불연속변수이기 때문이다.

이러할 경우에 활용되는 통계기법이 chi2인데 표본의 그룹들(유색인종 여부)간 성향차이가 많으면 많을수록 χ^2값은 커지게 된다. 즉, χ^2의 값이 클수록 집단간 차이가 극명하다고 이해하면 된다.

[그림 6-4]는 χ^2-분포에 관한 그림이다. χ^2값의 최솟값은 0이다. 왜냐하면 χ^2값을 제곱하기 때문이다. 일반적으로 χ^2값이 임계치를 기준으로 우측에 위치하고 있을 때 집단간 차이가 있다고 할 수 있다.

그림 6-4 Chi-square 가설검증

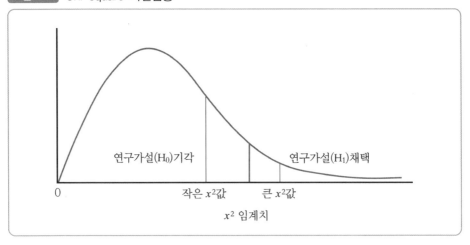

자료: 정성호(2013). p. 92

카이제곱검정을 위한 가정은 다음과 같다.

H_0: 두 변수(집단)간 서로 차이가 없다

H_1: 두 변수(집단)간 서로 차이가 있다.

분석을 위해 사용된 예제데이터 파일은 cancer.dta이며 명령어는 tab이나 tab2 다음에 변수를 지정한 후 피어슨 카이제곱검정을 위해 옵션에 chi2를 입력하면 된다. 추가적으로 두 변수간 기대빈도수를 제시하기 위해 exp를 지정하면 된다(아래 total 참고).

ref. **피어슨 카이제곱**

일반적으로 카이제곱검정은 두 변수가 모두 질적변수일 경우에 사용한다. 두 질적변수의 독립성을 검증하기 위해 계산되는 통계수치를 가리켜 피어슨 카이제곱 (peason chi-square)이라 부른다.

6.2 카이제곱검정

그림 6-5 chi2 분석결과

```
. tab died _d, chi2 exp

            ┌─────────────────────────┐
            │ Key                     │
            ├─────────────────────────┤
            │      frequency          │
            │  expected frequency     │
            └─────────────────────────┘

    1 if
  patient              _d
   died           0          1  │      Total
  ─────────────────────────────┼──────────────
       0         17          0  │         17
                6.0       11.0  │       17.0
  ─────────────────────────────┼──────────────
       1          0         31  │         31
               11.0       20.0  │       31.0
  ─────────────────────────────┼──────────────
   Total         17         31  │         48
               17.0       31.0  │       48.0

      Pearson chi2(1) =   48.0000   Pr = 0.000
```

검정결과, 피어슨 카이제곱검정은 1% 유의수준에서 귀무가설을 기각한다. 따라서 _d와 died는 차이가 난다고 할 수 있다.

이번에는 예제데이터파일(nlsw88.dta)을 활용하여 Fisher's exact test를 동시에 검증해본다.

ref. Fisher's exact test란 피셔가 개발한 교차표분석의 통계적 유의성을 테스트하는 방법 중 하나이다. 원래는 샘플 크기가 작은 경우로 한정되었지만 모든 샘플 크기에 유효하다.

아래 그림은 메뉴창에서 카이검정을 위해 statistics, sum, tables, two-way tables with measures of association를 적용한 것이다.

그림 6-6 chi2 분석을 위한 탭 설정

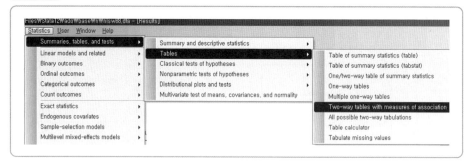

위 과정을 거치면 다음과 같은 대화창이 나온다. 여러 가지 방법의 옵션을 적용하려면 대화창에서 OK 대신 submit를 적용하면 대화창이 사라지지 않고 계속적인 분석이 가능하다.

그림 6-7 chi2 대화창 (Pearson's chi-squared)

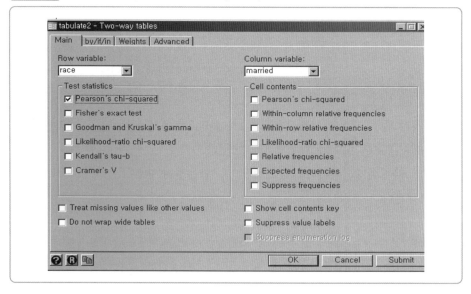

위 그림은 먼저 피어슨 카이검증을 선택한 후 submit를 적용하면 다음과 같은 분석결과가 도출된다. 이 과정은 분석과정을 설명하기 위함이고 옵션으로 chi2를 적용한 것과 동일하다.

그림 6-8 chi2 대화창 submit 적용 (Pearson's chi-squared)

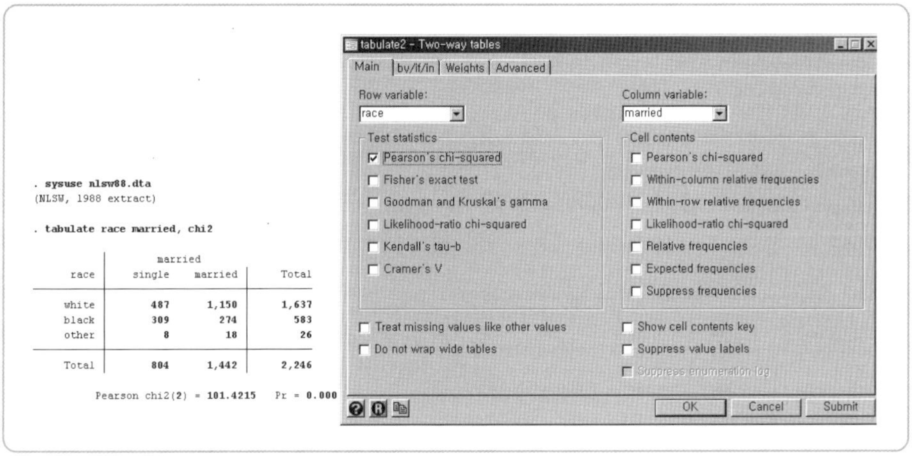

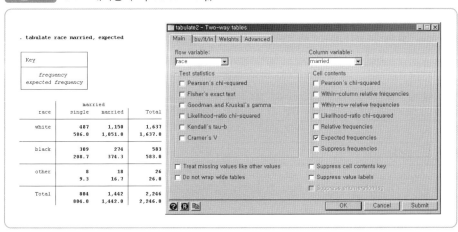

이미 설명한 바와 같이, submit를 적용하여 대화창이 사라지지 않고 분석결과를 확인할 수 있다. 다음은 기대빈도수를 검증하기 위한 과정을 설명하고 있다.

그림 6-9 chi2 대화창 (Expected freq.)

동일한 맥락에서 Pearson's chi-squared과 Fisher's exact test를 동시에 적용한다.

그림 6-10 chi2 대화창 (Pearson's chi-squared & Fisher's exact test)

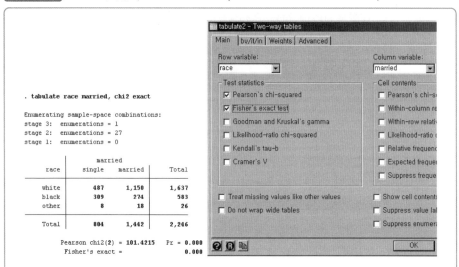

tabi

tabi명령어는 tab2를 즉석해서 수행하는 명령어이다. 아래 표와 같이 다이어트를 수행하는 두 그룹이 있는데, 한 그룹은 성공하고 한 그룹은 실패하였다. 다만 아래 표는 Pr<0.05로 보고하고 있지만 확인이 요구된다는 가정을 해보자.

그룹	성공	실패	전체
A	4	10	14
B	7	3	10
전체	11	13	24

x2=4.03, Pr<0.05

이때 활용할 수 있는 명령어는 tabi이다. db tabi를 적용하면 대화창이 나오면 숫자만 입력하면 아래와 같은 명령이 생성된다. 특히 역슬래시(\)를 입력할 때는 'W'키를 입력하면 된다.

```
. tabi 4 10 \ 7 3, chi2 exact
```

	col		
row	1	2	Total
1	4	10	14
2	7	3	10
Total	11	13	24

```
        Pearson chi2(1) =    4.0328    Pr = 0.045
         Fisher's exact =                   0.095
 1-sided Fisher's exact =                   0.055
```

예상한 대로, Fisher의 직접확률 검정결과 Pr=0.095로 예측이 맞았다.

제 7 장

T-검정

7.1 가설검정방법 및 옵션

7.2 t-검정

7.1 가설검정방법 및 옵션

이번 장은 모평균을 이용한 가설검정을 다룬다. 모평균에 대한 가설검정은 Statistics> summaries, tables, and tests> Classical tests of hypothesis를 선택하면 아래와 같이 6가지의 가설검정방법이 있다.

1) One-sample mean-comparison test
2) Mean-comparison test, paired data
3) Two-sample mean-comparison test
4) Two-group mean-comparison test
5) One-sample mean-comparison calculator
6) Two-sample mean-comparison calculator

평균에 대한 가설검정은 모집단의 수에 따라 t-검정과 분산분석으로 구분된다. t-검정은 평균비교 방법으로 모집단이 1개인 경우와 2개인 경우에 분석할 수 있다. 다만 모집단이 3개인 경우에는 일원배치분산분석(anova)을 활용하여 검정할 수 있는데 이는 다음 <제 8 장> 분산분석에서 구체적으로 다루기로 한다.

모집단이 1개인 경우 측정횟수가 1번일 경우 (단)일표본 t-검정, 동일한 모집단을 대상으로 2번 측정한 경우 대응표본 t-검정(또는 쌍체비교라 부르기도 함)을 활용하여 평균이 어떠하다는 가설이 맞는지, 또는 2개의 모집단의 평균이 서로 다른지를 검정할 수 있다.

지금부터 위에 열거된 6가지 방법 중 주로 활용되는 일표본 t-검정(1) 참고), 대응표본 t-검정(3) 참고), 독립표본 t-검정(4) 참고)에 관해 간단히 설명하면 다음과 같다.

또한 T-검정의 옵션은 다음과 같다.

그림 7-1 ttest의 옵션

```
 options1          Description

Main
* by(groupvar)     variable defining the groups
  unequal          unpaired data have unequal variances
  welch            use Welch's approximation
  level(#)          set confidence level; default is level(95)

* by(groupvar) is required.
```

위의 메뉴 중 가장 흔히 사용하는 Two-group mean-comparison test이다. 지금부터 분석될 독립표본 t-검정, 대응표본 t-검정에 관해 알아보면 다음과 같다.

· ttest score, by(drug)   두 집단 간 비교, 동분산 가정: 독립표본
· ttest score, by(drug) unequal   두 집단 간 비교, 동분산 아님: 독립표본
· ttest score, pop1t5==pop5_17   짝 지은 두 변수 비교(쌍체비교): 대응표본

참고로 단일표본의 예를 들어 보면 다음과 같다. 독자들이 맛이 좋다는 평이 있는 가게에 들러 매일 수제 소시지를 산다고 가정하자. 그런데 하루는 매일 사게 되는 소시지의 무게가 의심스럽다(기록된 무게는 300g으로 표시되어 있는데 확인을 해보자). 따라서 50개 표본을 무작위로 추출하여 무게를 기록한뒤 분석을 해보기로 한다.

· ttest weight==300

7.2 t - 검정

먼저 메뉴창을 활용하여 t-검정 수행방법을 알아본다.

그림 7-2 t-검정 메뉴창

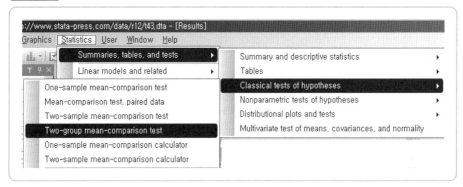

편의상, 원 데이터의 drug변수는 1, 2, 3, 4였으나 저자가 편의상 3은 1로, 4
는 2로 수정하여 분석하였다.

그림 7-3 ttest 대화창

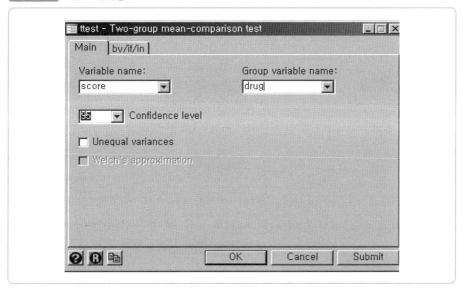

다음은 [그림 7-2]와 [그림 7-3]의 과정을 명령어를 활용하여 분석한 것이다.

그림 7-4 ttest 분석결과

```
. ttest score, by( drug)

Two-sample t test with equal variances

    Group │     Obs       Mean    Std. Err.    Std. Dev.   [95% Conf. Interval]
──────────┼────────────────────────────────────────────────────────────────────
        1 │      10         21    2.703907     8.550504     14.88334    27.11666
        2 │      10       28.8    2.425787     7.671013     23.31249    34.28751
──────────┼────────────────────────────────────────────────────────────────────
 combined │      20       24.9    1.981361     8.860914     20.75296    29.04704
──────────┼────────────────────────────────────────────────────────────────────
     diff │               -7.8    3.632569                 -15.43174   -.1682563
──────────┴────────────────────────────────────────────────────────────────────
    diff = mean(1) - mean(2)                                  t =   -2.1472
 Ho: diff = 0                                  degrees of freedom =         18

    Ha: diff < 0                  Ha: diff != 0                  Ha: diff > 0
 Pr(T < t) = 0.0228      Pr(|T| > |t|) = 0.0456           Pr(T > t) = 0.9772
```

가운데 있는 p-값(Pr=0.0456)은 양측검정 결과이다. 나머지 두 개의 값 가운데 더 작은 p-값(Pr=0.0228)은 단측검정 결과이다.

분석결과에 의하면, t값은 −2.14이며 p값은 0.045로 두 집단간 점수의 차이가 없을 것이라는 가설은 5% 유의수준에서 기각할 수 있다. 따라서 두 그룹간 점수의 차이는 있다. 즉, drug투여 집단간 score 차이가 있다.

Mean-comparison test, paired data(대응표본 T-검정)

대응표본 T-검정은 표본간 평균의 차이를 활용하여 분석하는 기법이다. 예를 들어, 실험 전과 실험 후의 차이를 알고 싶을 때 흔히 사용한다.

메뉴창에서 아래의 순서대로 클릭하면 아래의 대화창이 나타난다.

그림 7-5 대응표본 T-검정

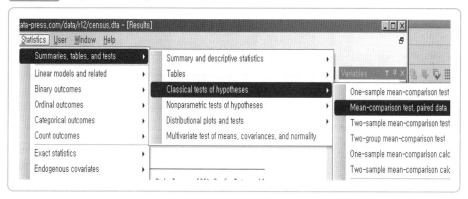

그림 7-6 대응표본 T-검정 대화창

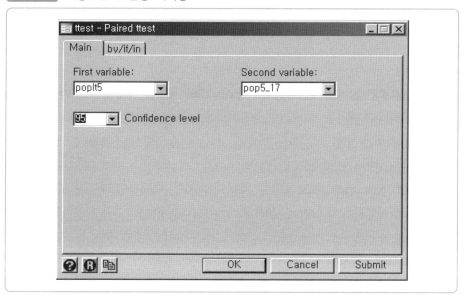

위의 대화창에서 신뢰수준이 95로 적용되어 있는 것을 볼 수 있다. default값
이 95를 적용하고 있기 때문에 따로 적용할 필요가 없다. 명령어 ttest poplt5==
pop_17, level(95)를 적용하든지 level을 생략하든지 상관없이 아래의 분석과 동
일한 분석과정을 거친다.

그림 7-7 대응표본 T-검정 분석결과

```
. ttest poplt5== pop5_17

Paired t test

Variable      Obs        Mean    Std. Err.    Std. Dev.    [95% Conf. Interval]

  poplt5       50    326277.8    46893.22     331585.1     232042.3    420513.2
 pop5_17       50    945951.6    135675.8     959372.8     673300.9    1218602

    diff       50   -619673.8    89138.38     630303.5    -798804.1   -440543.5

      mean(diff) = mean(poplt5 - pop5_17)                        t =  -6.9518
   Ho: mean(diff) = 0                          degrees of freedom =        49

   Ha: mean(diff) < 0            Ha: mean(diff) != 0            Ha: mean(diff) > 0
   Pr(T < t) = 0.0000         Pr(|T| > |t|) = 0.0000            Pr(T > t) = 1.0000
```

위 분석결과를 해석하면 poplt5와 pop_17의 차이가 발생하는 것이 통계적으로 유의미하다고 할 수 있다. 즉, t값은 −6.95이며 p값은 0.000으로 poplt5와 pop_17의 차이가 없을 것이라는 가설은 1% 유의수준에서 기각할 수 있다. 따라서 두 표본간 차이가 있다고 할 수 있다.

이해를 돕기 위해, 프로그램에 탑재되어 있는 예제파일(sysuse auto.dta)을 활용하여 분석결과가 동일한지 검정해보자(유의수준 95%).

```
. ttest price, by(foreign)

Two-sample t test with equal variances
```

Group	Obs	Mean	Std. Err.	Std. Dev.	[95% Conf. Interval]	
Domestic	52	6072.423	429.4911	3097.104	5210.184	6934.662
Foreign	22	6384.682	558.9942	2621.915	5222.19	7547.174
combined	74	6165.257	342.8719	2949.496	5481.914	6848.6
diff		-312.2587	754.4488		-1816.225	1191.708

```
    diff = mean(Domestic) - mean(Foreign)              t =  -0.4139
Ho: diff = 0                               degrees of freedom =      72

    Ha: diff < 0                Ha: diff != 0                 Ha: diff > 0
 Pr(T < t) = 0.3401      Pr(|T| > |t|) = 0.6802       Pr(T > t) = 0.6599

. ttest price, by(foreign) level(95)

Two-sample t test with equal variances
```

Group	Obs	Mean	Std. Err.	Std. Dev.	[95% Conf. Interval]	
Domestic	52	6072.423	429.4911	3097.104	5210.184	6934.662
Foreign	22	6384.682	558.9942	2621.915	5222.19	7547.174
combined	74	6165.257	342.8719	2949.496	5481.914	6848.6
diff		-312.2587	754.4488		-1816.225	1191.708

```
    diff = mean(Domestic) - mean(Foreign)              t =  -0.4139
Ho: diff = 0                               degrees of freedom =      72

    Ha: diff < 0                Ha: diff != 0                 Ha: diff > 0
 Pr(T < t) = 0.3401      Pr(|T| > |t|) = 0.6802       Pr(T > t) = 0.6599
```

위 그림에 제시된 바와 같이 두 개의 명령어를 수행한 결과, 결과값이 정확히 일치한다.

· ttest price, by(foreign)
· ttest price, by(foreign) level(95) 또는 level(99)

이제 신뢰구간을 측정해보자. 추정값의 신뢰구간을 제시해주는 추정명령어 ci, cii가 있다. ci는 연속형 변수의 평균과 신뢰구간을 추정할 수 있고, cii도 동일

한데 ci를 즉석에서 수행할 수 있다는 점이 다르다. 다만 정규분포와 이항분포로
나누어 분석할 수도 있다.

. ci price, level(95)

Variable	Obs	Mean	Std. Err.	[95% Conf. Interval]	
price	74	6165.257	342.8719	5481.914	6848.6

이제 cii를 활용하여 직접 신뢰구간을 구해보자. 이를 위해 종전 분석결과에
기초하여 cii를 구해본다. 종전 분석결과는 다음과 같다.

. ttest price, by(foreign) level(95)

Two-sample t test with equal variances

Group	Obs	Mean	Std. Err.	Std. Dev.	[95% Conf. Interval]	
Domestic	52	6072.423	429.4911	3097.104	5210.184	6934.662
Foreign	22	6384.682	558.9942	2621.915	5222.19	7547.174
combined	74	6165.257	342.8719	2949.496	5481.914	6848.6
diff		-312.2587	754.4488		-1816.225	1191.708

```
    diff = mean(Domestic) - mean(Foreign)              t =  -0.4139
Ho: diff = 0                             degrees of freedom =      72

   Ha: diff < 0              Ha: diff != 0                Ha: diff > 0
 Pr(T < t) = 0.3401     Pr(|T| > |t|) = 0.6802       Pr(T > t) = 0.6599
```

cii 분석기법은 정규분포, 이항분포, 포아송분포가 있다. 이항분포 형식의 신
뢰구간 측정은 cii obs(전체 관측치) 사건수, binominal을 명령어로 입력하면 되고,
포아송분포 형식의 신뢰구간 측정은 cii 분모 사건수, poisson을 명령어로 입력하
면 된다. 다만 여기서는 편의상 정규분포만을 다룰 것이다. 이 분석을 위해 대화
창으로도 가능한데 명령어는 db cii이고, 다음 그림의 왼쪽 Normal CI calculator,
Binominal CI calculator, Poisson CI calculator가 제시되는데, 그중 Normal CI
calculator를 클릭하면 오른쪽 대화창이 표시된다. 그 다음은 위 분석결과에 제시

된 obs 74, mean 6165.257, std dev. 2949.496을 차례로 입력한 후 OK를 클릭하면 된다.

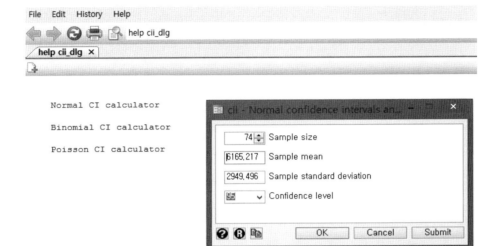

위 분석결과의 명령어는 다음과 같고, 종전 분석결과와 정확히 일치하고 있다.

```
. cii 74 6165.217 2949.496
```

Variable	Obs	Mean	Std. Err.	[95% Conf. Interval]	
	74	6165.217	342.8719	5481.874	6848.56

제 8 장

ANOVA분산분석

8.1 일원분산분석

8.2 repeated measure ANOVA

8.3 다원분산분석

8.4 사후검정(다중비교)

분산분석은 평균값과 분산을 기초로 여러 집단을 비교하고 이들 집단간 평균값의 차이가 있는지에 관한 가설검정을 하는 분석기법이다. 두 집단간 연속변수의 비교는 t-test가 원칙이다.

두 집단 이상이라고 반드시 t-test가 안 되는 것은 아니다. 이를테면 A, B, C 집단이 있다면 A와 B, B와 C, C와 A그룹으로 나누어 분석하면 된다.

즉, 분산분석은 집단이 3개 이상인 경우 집단간 평균의 차이가 있는지 동시에 비교하는 검정방법으로 분산값의 비율을 이용하여 집단간 평균값의 차이를 분석한다.

이때 독립변수는 이산변수이며, 종속변수는 연속변수이다. 따라서 독립변수로 구분되는 각각의 집단에 속한 평균들이 통계적으로 유의미하게 차이가 있는지를 분석하는 것이다.

ANOVA의 종류는 다음과 같다.
1) one-way ANOVA: 독립변수와 종속변수가 각각 1개
2) Two-way ANOVA: 독립변수 2개, 종속변수 1개
3) MANOVA(다변량 분산분석): 종속변수가 2개 이상일 경우
4) repeated measures ANOVA

일반적으로 사회과학분야에서는 one-way, two-way, MANOVA를 주로 활용한다.

그림 8-1 분산분석의 흐름

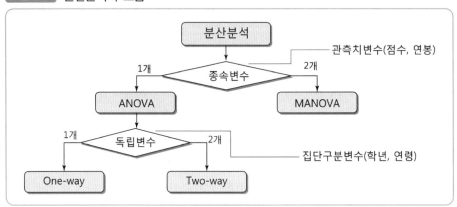

자료: 이훈영(2009), p. 117 일부인용

　　분산분석(ANOVA)은 여러 그룹으로 구성된 관측치가 존재할 때 관측치의 분산 또는 총제곱합을 분석하여 오차에 의한 영향보다 더 큰 영향을 주는 요인이 있는지를 찾아내는 분석방법이다.

　　요인변수가 하나일 때 일원분산분석이라 부르고, 요인변수가 둘 이상일 때 다원분산분석(MANOVA)이라 부른다. 일반적으로 분산분석의 각 그룹 모집단에 대한 가정은 다음과 같다.

가정 1: 각 모집단은 정규분포를 따라야 한다. 다만 대표본일 경우 정규분포여부
　　　　는 만족한다고 보면 된다.
가정 2: 각 모집단의 분산은 동분산이어야 한다.
가정 3: 각 모집단은 서로 독립적이어야 한다.

ref. 대표본과 소표본

일반적으로 $n > 30$의 관계를 대표본으로 간주한다. 그 이하는 소표본으로 간주한다. 표본의 크기에 따라서 분석방법의 차이가 발생하는데, 통계적 추론에서 모집단에 대한 가정을 전제로 하느냐에 따른 차이가 발생한다. 일반적으로 대표본의 경우 정규성을 만족한다고 보면 된다. 분포가 평균을 중심으로 대칭이 아니고 지나치게 한 쪽으로 치우친 왜도패턴의 경우 자연로그를 취하여 정규분포를 만들어 주면 된다.

그림 8-2 F-분포 도출 원리

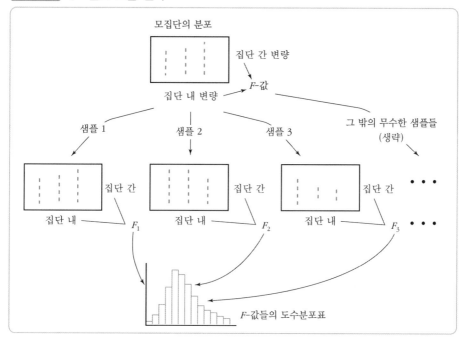

자료: 배득종·정성호(2013), p. 234

그림 8-3 F-분포($m = 8$, $n = 12$의 경우)

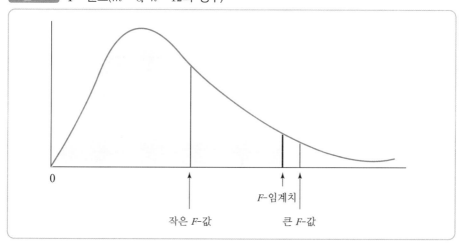

자료: 배득종·정성호(2013), p. 235

분석을 위해 Stata Base Reference Manual[R], Release 16의 anova data set 에 있는 reading.dta를 활용한다. 다만 분산분석을 실행하기 위해서는 반드시 long type이어야 한다는 점을 명심해야 한다.

8.1 일원분산분석

예제데이터에 있는 그룹(class)은 5개 그룹으로 나누어져 있고, 일원분산분석 은 이 그룹간 읽기 점수의 차이가 있는지를 분석하는 것이며 가설은 다음과 같다. 즉, 귀무가설(H_0)은 집단간 읽기 점수의 차이가 없다는 것이고, 연구가설(H_1)은 적 어도 하나의 그룹은 읽기 점수에 차이가 있다는 것이다.

H_0: $\mu_1 = \mu_2 = \mu_3 = \mu_4 = \mu_5$

H_1: 적어도 하나의 μ_i는 다르다.

실행에 앞서 옵션에 대하여 알아보면 다음과 같다.

그림 8-4 one-way ANOVA의 옵션

options	Description
Main	
<u>b</u>onferroni	Bonferroni multiple-comparison test
<u>sc</u>heffe	Scheffe multiple-comparison test
<u>si</u>dak	Sidak multiple-comparison test
<u>ta</u>bulate	produce summary table
[<u>no</u>]<u>means</u>	include or suppress means; default is means
[<u>no</u>]<u>standard</u>	include or suppress standard deviations; default is standard
[<u>no</u>]<u>freq</u>	include or suppress frequencies; default is freq
[<u>no</u>]<u>obs</u>	include or suppress number of obs; default is obs if data are weighted
<u>noa</u>nova	suppress the ANOVA table
<u>nol</u>abel	show numeric codes, not labels
<u>wrap</u>	do not break wide tables
<u>mis</u>sing	treat missing values as categories

분산분석의 실행은 메뉴를 실행하는 방법과 명령어창에서 직접 입력하는 방법이 있다. 우선 메뉴를 통해 실행하는 방법을 알아본다.

메뉴에서 Statistics> Liner models and related> ANOVA/MANOVA> One-way ANOVA를 선택하면 된다.

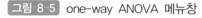 그림 8-5 one-way ANOVA 메뉴창

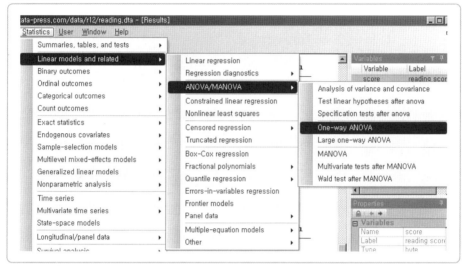

그 다음 아래와 같은 대화창이 나오는데 종속(반응)변수에 score를 요인변수에 class를 적용하면 된다. 또한 그 아래 다중비교 검정은 사후검정방법으로 Bonferroni, Scheffe, Sidak 중 하나를 선택하면 된다. 사후 검정결과는 유사하기 때문에 어느 것을 활용해도 무방하다([그림 8-4] 참고).

그림 8-6 one-way ANOVA 대화창

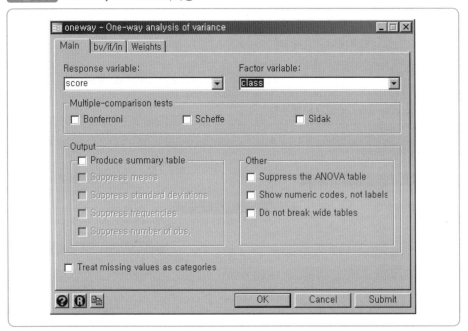

지금까지의 과정은 명령어 입력창에서 oneway score class를 실행하면 된다.

ANOVA의 기본원리는 그룹간 변동이 그룹 내 변동에 비해 크면 그룹간의 차이를 발생시킨다고 볼 수 있어 귀무가설을 기각시키게 된다. 위 검정결과에서 Between groups MS값(864.55)은 그룹간 평균변동이고, Within groups MS값(266.253)은 그룹 내 평균변동으로 F통계량(3.25)은 Between groups MS/Within groups MS값으로 위 결과는 검정통계량의 p값(0.0125)은 0.05보다 작기 때문에 유의수준 5%에서 귀무가설(그룹간 차이가 없다)을 기각한다.

그림 8-7 one-way ANOVA 분석결과

```
. oneway score class

                        Analysis of Variance
      Source            SS        df        MS          F      Prob > F

Between groups         3458.2       4      864.55      3.25      0.0125
 Within groups     78544.7167     295   266.253277

      Total         82002.9167    299   274.257246

Bartlett's test for equal variances:  chi2(4) =   0.8657  Prob>chi2 = 0.929
```

이 분석결과에 의하면 그룹간 읽기 점수는 차이가 있다고 할 수 있다. 또한 분산동일성 검정(Bartlett's test)은 5개 그룹의 분산이 서로 같은지를 판단하는 방법인데, 검정통계량의 p값(0.929)이 0.05보다 크기 때문에 유의수준 5%에서 분산 동일성 가설이 충족된다고 할 수 있다.

8.2 repeated measure ANOVA

이 분석기법은 사회과학분야에서 사용될 여지는 그리 많지 않다. 하지만 의학계열에서는 흔히 사용되는 방법이다. 같은 사람에게 시간차이를 두고 동일한 측정을 여러 번에 걸쳐 사용한다. 예를 들어 a, b, c 항암제를 쓴 환자군에서 항암 치료 전후의 수치를 측정하고자 한 경우 사용된다. 사용된 예제데이터는 t43.dta이며 투약의 횟수에 따른 점수의 차이를 분석한 내용이다.

그림 8-8 repeated ANOVA

```
. webuse t43
(T4.3 -- Winer, Brown, Michels)

. anova score person drug, repeated(drug)

                        Number of obs =       20    R-squared     =  0.9244
                        Root MSE      = 3.06594    Adj R-squared =  0.8803

           Source | Partial SS   df       MS            F     Prob > F

            Model |      1379     7       197        20.96     0.0000

           person |     680.8     4     170.2        18.11     0.0001
             drug |     698.2     3  232.733333      24.76     0.0000

         Residual |     112.8    12       9.4

            Total |    1491.8    19  78.5157895


Between-subjects error term:  person
                   Levels:  5          (4 df)
    Lowest b.s.e. variable:  person

Repeated variable: drug
                                    Huynh-Feldt epsilon         =  1.0789
                                    *Huynh-Feldt epsilon reset to 1.0000
                                    Greenhouse-Geisser epsilon =  0.6049
                                    Box's conservative epsilon =  0.3333

                                        ———————— Prob > F ————————
           Source |    df     F    Regular    H-F     G-G      Box

             drug |     3   24.76  0.0000   0.0000  0.0006   0.0076
         Residual |    12
```

분석결과에 의하면, 개인별로 drug의 횟수에 따라 점수의 차이가 있다고 할 수 있다.

8.3 다원분산분석

　　동일한 예제데이터를 활용해 5개 그룹(class)과 2개 그룹(program)의 2개 범주형 변수가 읽기 점수(score)에 미치는 영향을 분석할 수 있다. 다원분산분석의 초점은 그룹과 프로그램에 따라 읽기 점수의 평균이 차이가 나는지 여부이다. 즉 총 10개 그룹의 읽기 점수의 평균값에 차이가 나는지를 검정하기 위한 가설은 다음과 같다.

H_0: $\mu_1 = \mu_2 = \cdots = \mu_{10}$

H_1: 적어도 하나의 μ_i는 다르다.

　　다원분산분석을 실행하기 위해 메뉴에서 Statistics> Liner models and related> ANOVA/MANOVA> Analysis of variance and covariance를 선택하는 과정을 거치면 다음과 같은 대화창이 실행된다. 그 다음 종속변수에 score를, 모델에 class와 program을 입력한다. Command창에 "anova score class program"을 입력하여도 동일한 결과를 도출할 수 있다. 분석을 위한 다양한 옵션은 다음과 같다.

그림 8-9 two-way ANOVA

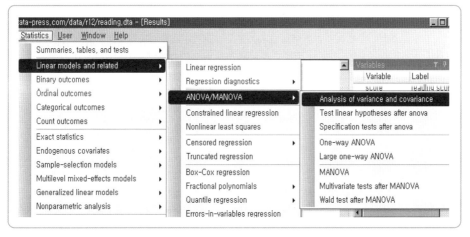

그림 8-10 two-way ANOVA 대화창

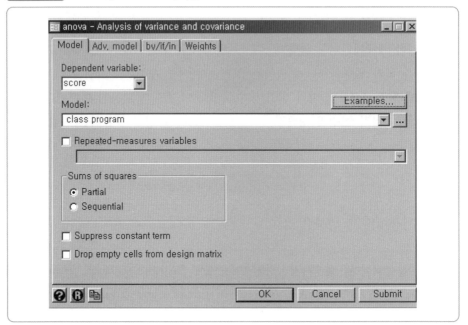

그림 8-11 two-way ANOVA 분석결과

```
. anova score class program

                        Number of obs =      300    R-squared     =  0.0970
                        Root MSE      = 15.8706    Adj R-squared =  0.0816

          Source |  Partial SS    df       MS            F     Prob > F

           Model |    7951.27      5    1590.254        6.31     0.0000

           class |     3458.2      4     864.55         3.43     0.0092
         program |    4493.07      1    4493.07        17.84     0.0000

        Residual | 74051.6467    294  251.876349

           Total | 82002.9167    299  274.257246
```

위 분석결과가 나오는 이유는 class변수의 F검정통계량은 p값(0.0092)은 0.01
보다 작기 때문에 1% 유의수준에서 5개 그룹의 읽기 평균의 차이가 있다. 또한
program변수는 p값(0.0000)이 0.01보다 작기 때문에 1% 유의수준에서 2개 그룹의
읽기의 평균의 차이가 있다.

즉, 10개 범주(class 5개 그룹과 program 2개 그룹) 사이 읽기 점수의 평균이 모
두 같다는 가설은 기각되기 때문에 그룹간 차이가 있다고 말할 수 있다.

다음은 class와 program의 상호작용변수가 읽기 점수의 평균에 미치는 영향
을 분석하기 위해 상호작용변수(class#program)를 추가하였으며, 다음과 같은 분
석결과가 도출된다.

그림 8-12 상호작용효과를 추정한 two-way ANOVA

```
. anova score class program class#program, partial

                        Number of obs =      300    R-squared     =  0.1050
                        Root MSE      = 15.9085    Adj R-squared =  0.0772

            Source │  Partial SS    df       MS            F      Prob > F

             Model │  8609.68333     9   956.631481       3.78      0.0002

             class │     3458.2      4      864.55         3.42      0.0095
           program │     4493.07     1     4493.07        17.75      0.0000
     class#program │  658.413333     4   164.603333        0.65      0.6270

          Residual │  73393.2333   290   253.080115

             Total │  82002.9167   299   274.257246
```

종전의 분석과 다른 점이 있다면 상호작용변수가 읽기 점수의 평균의 차이를
발생시키는지에 관한 결과가 도출되었다는 점이다. 위 결과에 따르면 상호작용효
과의 p값(0.627)은 0.05보다 크기 때문에 5% 유의수준에서 귀무가설을 기각할 수
없다. 따라서 class와 program의 상호작용이 존재하지 않는다고 할 수 있다.

ref. 상호작용이란 회귀분석에서 어떤 독립변수가 다른 독립변수로부터 영향을 받아 종속 변수에 미치는 영향력이 바뀌는 것을 말한다.

8.4 사후검정(다중비교)

지금까지 분석한 결과로는 각 그룹간의 평균에 차이가 있는가에 대한 판단만 할 수 있다. 그러나 구체적으로 어느 그룹간의 평균에 차이가 있는지를 정확히 알 수 없다. 사후검정–다중비교를 분석하면 정확한 차이를 분석할 수 있다. 사후검정 다중비교는 사후검정 옵션을 실행하면 된다. 사용가능한 사후검정–다중비교 (multiple comparison & post hoc test) 방법은 다음과 같다.

1) Bonferroni: 기본적으로 n의 수로 alpha를 나눔
2) Scheffe: 흔히 사용되는 방법으로 각 집단간 n의 수가 다를 경우 사용
3) Turkey: 흔히 사용되는 방법으로 각 집단간 n의 수가 같을 경우 사용
4) Turkey-Kramer: 변형된 Turky방법으로 각 집단간 n의 수가 다를 경우 사용
5) Dunn-Sidak: 흔히 사용되지 않음
6) Fisher's LDS: 흔히 사용되지 않음

ref. **사후검정(post-hoc test)**
일반적으로 사후검정은 F검정에서 유의미한 집단간 차이를 보였을 때 이들 집단 간 세부적 차이를 검증하기 위함이다. 즉 집단간 차이를 보였다면 과연 그러한 차이가 어느 그룹간에 발생하고 있는가를 찾기 위해 사용된다.

하지만 본 절에서는 Scheffe방법을 적용하고 tabulate옵션을 사용하여 각 그룹별 score변수의 평균을 표로 제시한다.

그림 8-13 사후검정옵션을 적용한 ANOVA

```
. oneway score class, scheffe tabulate

      class  
  nested in           Summary of reading score
    program         Mean     Std. Dev.        Freq.
          1     56.933333    15.873298           60
          2     53.516667    17.305326           60
          3     54.266667    16.770501           60
          4     57.033333    15.647566           60
          5     63.166667    15.929045           60

      Total     56.983333    16.560714          300

                       Analysis of Variance
   Source           SS          df        MS           F       Prob > F

Between groups      3458.2        4      864.55        3.25     0.0125
 Within groups   78544.7167     295   266.253277

   Total         82002.9167     299   274.257246

Bartlett's test for equal variances:  chi2(4) =   0.8657  Prob>chi2 = 0.929

           Comparison of reading score by class nested in program
                              (Scheffe)
Row Mean-
Col Mean          1           2           3           4

       2     -3.41667
              0.859

       3     -2.66667         .75
              0.938        1.000

       4          .1      3.51667     2.76667
             1.000        0.845       0.930

       5      6.23333        9.65         8.9      6.13333
              0.359        0.035       0.066       0.377
```

위 분석결과에 의하면 tabulate옵션을 통해 각 그룹별 읽기 점수의 평균은 2 번 그룹이 가장 낮고 5번 그룹이 가장 높다. 특히 Scheffe옵션은 각 그룹간 다중 t검정결과이며, 5% 유의수준에서 2번 그룹과 5번 그룹의 평균이 서로 다르고, 10% 유의수준에서 3번 그룹과 5번 그룹의 평균이 서로 다르다 할 수 있다. 총 10 개의 평균비교에서 5% 유의수준에서 1개 그룹조합이 평균의 차이를 보인다.

🔍 **참고문헌**

Wooldridge, Jeffrey M. (2015). Introductory econometrics: a modern approach, Fifth Edition. Cengage Learning.

Statacorp.(2019). Stata Reference Manual Release 16.

배득종·정성호. (2013). 통계학헤드스타트. 박영사.

이훈영. (2009). 통계학. 청람.

정성호. (2013). Stata를 활용한 사회과학통계. 박영사.

부록

[부록 1]   do-file 자동완성/여러 개 데이터 한꺼번에
            사용하기(frame)
[부록 2]   지도그리기
[부록 3]   Symbols
[부록 4]   분포표에 대한 개괄 설명
    1. ztable, ztail .05 2 활용(95%수준, 2tail 기준)
    2. ttable
    3. tdemo 4 (df 4 기준)
    4. chitable
    5. chidemo 8 (df 8기준)
    6. ftable (alpha＝0.05기준)
    7. fdemo 4 32 (df1 (분자) 4, df2 (분모) 32 기준)

　　기존 버전(15까지는)은 do-file 작성시 명령어 등의 자동완성 기능이 없었다. 버전 16부터는 do-file 자동완성 기능이 추가되었다. 다만 아직은 그리 만족스럽지는 못한 듯하다. 이제 do-file editor에서 시스템에 내장된 auto파일을 읽어 들여 보자(sysuse auto, clear). 아래 그림에서 설명하고 있는 바와 같이 sys만 입력하면 sysdir와 sysuse가 나타나는데, 둘 중에서 sysuse를 선택한 뒤 tab키를 누르면 sysuse 명령어가 완성된다. 그 다음 auto와 clear를 입력한다. 아쉽게도 auto와 clear는 자동완성 기능이 작동하지 않는다. 또한 변수명을 입력하는 과정에서 변수명을 처음 입력할 때는 자동완성 기능이 불가능하지만 두 번째 입력부터는 자동완성 기능이 작동된다.

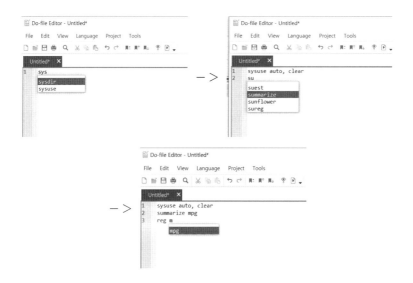

frame

　　이전 버전 15까지는 한 번에 하나의 데이터를 불러서 사용할 수밖에 없었다. 버전 16에 추가된 frame은 여러 데이터를 동시에 불러 들여 분석이 가능하게 되었다. 이에 관해 간략히 설명하면 다음과 같다.

위 그림을 간략히 설명하면 다음과 같다. 먼저 sysuse auto 데이터를 불러 들인다. 이후 현재 데이터셋을 확인할 수 있다(frame, pwf로 현재 활용가능한 데이터셋을 확인할 수 있다). 이 데이터셋을 default로 지정하려면 frame rename default auto으로 입력한다(current frame is default). 이제 새로운 데이터셋 (nlswork)을 불러 들여 보자(frame create nlswork). 데이터셋을 변경하려면 frame change nlswork; webuse nlswork, clear의 과정을 거쳐야 한다.

* pwf(present working frame), cwf(change working frame)

데이터셋은 auto와 nlswork가 있는데 이를 활용하려면 frame dir로 확인이 가능하다.

```
. frame dir
    auto      74 x 12; 1978 Automobile Data
    nlswork  28534 x 21; National Longitudinal Survey.  Young Women 14-26 years
             of age in 1968
```

이에 추가하여 데이터 머지(merge)도 가능한데, 여기서는 설명하지 않는다.

[부록 2] 지도그리기

　　우리는 지도를 그린 다음 그 위에 분석결과 등을 표시할 경우가 있다. 지도 위에 행정구역을 표시할 수도 있고, 분석결과 값을 넣어야 할 때도 있다. 지도를 그리기 위해서는 tmap, spmap, shp2dta, mif2dta 등 파일을 설치해야 한다. 우선 Stata 명령어창에 다음과 같이 명령어를 입력하면 지도그리기를 위한 기초작업은 끝난다.

　　　ssc install tmap
　　　ssc install spmap
　　　ssc install shp2dta

　　tmap은 데이타와 좌표 정보를 이용해서 지도를 그려주는 프로그램 명령어이다. 좌표 등 다양한 지도정보를 포함한 지도 파일은 ESRI(Enviroment Systems Research Institute)에서 개발한 shapefile(확장자, shp)과 MapInfo interchange format(확장자, mif)이 있다. Stata에서는 shp2dta(shp 파일)와 mif2dta(mif 파일)을 활용할 수 있는데, shp파일은 shp2dta를, mif파일은 mif2dta를 활용하면 된다. 여기서는 shp2dta와 spmap을 활용하여 지도를 그려볼 것이다. 지도를 그리기 위한 순서는 다음과 같다.

　　http://huebler.blogspot.com/2005/11/creating-maps-with-stata.html을 클릭하면 다음과 같은 창이 나오는데, https://www.dropbox.com/s/u2lynx8lx9jsbmx/world_adm0.zip에서 world_adm0.zip을 다운로드한 후 압축풀기를 해야 한다.

　. cd c:\data
　　　C:\data
　. shp2dta using world_adm0, data(world-d) coor(world-c) genid(id)

type: 5

이제 world-d.dta파일을 열어보자.

. use "C:\data\world-d.dta"
. generate length = length(NAME)

. spmap length using "world-c.dta", id(id)

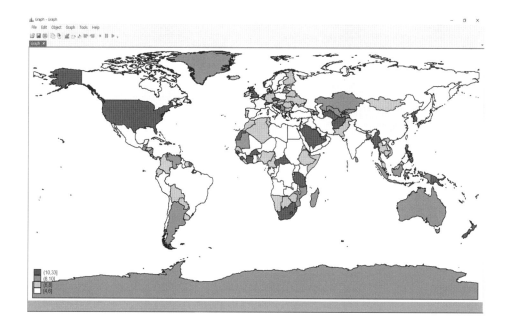

　　지도의 기본 값(default)은 흑백이며, 남극이 표시된다. 범례의 크기는 작고,
범례 값은 높은 단위에서 낮음 단위로 정렬되어 있다. 이제 기독성을 위해 범례
등을 조정해보자.

```
. spmap  length  using  "world-c.dta"  if  NAME!="Antarctica",  id(id)
    fcolor(Blues) legend(symy(*2) symx(*2) size(*2)) legorder(lohi)
```

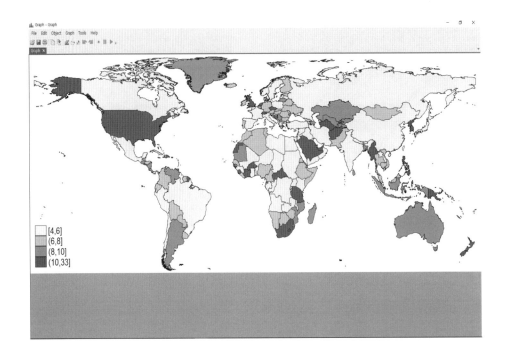

이제 한국지도를 그려보자. DIVA-GIS에서 맵을 다운받아 우리나라 지도를 그려보자.

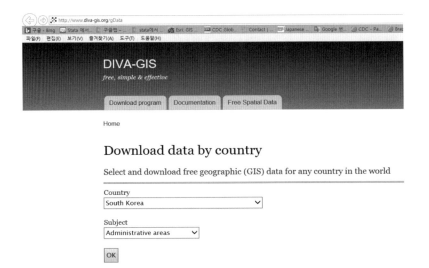

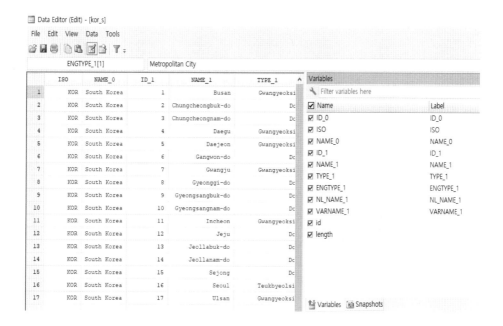

. shp2dta using KOR_adm1.shp, database(kor_s) coor(k0r_k) genid(id)
  type: 5

. use "C:\data\Kor_s.dta"

. generate length = length(TYPE_1)

. spmap length using "Kor_k.dta", id(id) fcolor(Blues) legend(symy(*2)
  symx(*2) size(*2)) legorder(lohi)

여기서 length=2는 도(do), 그 이상은 특별 및 광역시임

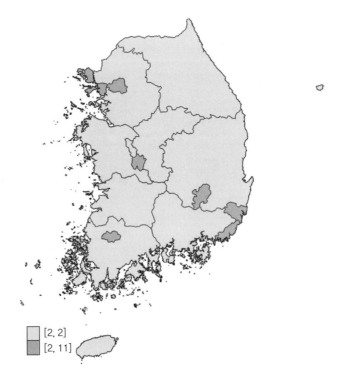

[2, 2]
[2, 11]

[부록 3] Symbols

! (not), see logical operators

! = (not equal), see relational operators

\& (and), see logical operators

* abbreviation character, see abbreviations

*, clear subcommand, [D] clear

* comment indicator, [P] comments

? abbreviation character, see abbreviations

− abbreviation character, see abbreviations

− > operator, [M−2] struct

., class, [P] class

/* */ comment delimiter, [M−2] comments, [P] comments

// comment indicator, [M−2] comments, [P] comments

/// comment indicator, [P] comments

delimiter, [P] #delimit

< (less than), see relational operators

< = (less than or equal), see relational operators

= = (equality), see relational operators

> (greater than), see relational operators

> = (greater than or equal), see relational operators

~ (not), see logical operators

\char'176 abbreviation character, see abbreviations

~ = (not equal), see relational operators

\orbar (or), see logical operators

[부록 4] 분포표에 대한 개괄 설명

실증분석을 하다보면 가끔은 Z분포표(표준정규분포), t분포표, χ^2(chi)분포표, F분포표가 필요할 때가 있다. 경우에 따라서는 분포표 그림을 그려야 하는데, 이때 Stata를 활용하면 간단하게 분포표(table)를 작성할 수 있다. 따라서 findit를 입력한 후 아래 명령어를 입력한 후 install해야 한다.

```
. findit ztable

. findit ttable

. findit chitable

. findit ftable
```

또한 아래의 명령어를 입력하면 간단하게 분포표(그림)를 그릴 수 있다. 위와 동일하게 findit를 입력한 후 아래 명령어를 입력한 후 install하는 과정이 필요하다.

```
. findit ztail

. findit tdemo

. findit chidemo

. findit fdemo
```

1. ztable, ztail .05 2 활용(95%수준, 2tail 기준)

. ztable

```
      Areas between 0 & Z of the Standard Normal Distribution
        .00    .01    .02    .03    .04   |   .05    .06    .07    .08    .09
0.00 0.0000 0.0040 0.0080 0.0120 0.0160  | 0.0199 0.0239 0.0279 0.0319 0.0359
0.10 0.0398 0.0438 0.0478 0.0517 0.0557  | 0.0596 0.0636 0.0675 0.0714 0.0753
0.20 0.0793 0.0832 0.0871 0.0910 0.0948  | 0.0987 0.1026 0.1064 0.1103 0.1141
0.30 0.1179 0.1217 0.1255 0.1293 0.1331  | 0.1368 0.1406 0.1443 0.1480 0.1517
0.40 0.1554 0.1591 0.1628 0.1664 0.1700  | 0.1736 0.1772 0.1808 0.1844 0.1879
0.50 0.1915 0.1950 0.1985 0.2019 0.2054  | 0.2088 0.2123 0.2157 0.2190 0.2224
0.60 0.2257 0.2291 0.2324 0.2357 0.2389  | 0.2422 0.2454 0.2486 0.2517 0.2549
0.70 0.2580 0.2611 0.2642 0.2673 0.2704  | 0.2734 0.2764 0.2794 0.2823 0.2852
0.80 0.2881 0.2910 0.2939 0.2967 0.2995  | 0.3023 0.3051 0.3078 0.3106 0.3133
0.90 0.3159 0.3186 0.3212 0.3238 0.3264  | 0.3289 0.3315 0.3340 0.3365 0.3389
1.00 0.3413 0.3438 0.3461 0.3485 0.3508  | 0.3531 0.3554 0.3577 0.3599 0.3621
1.10 0.3643 0.3665 0.3686 0.3708 0.3729  | 0.3749 0.3770 0.3790 0.3810 0.3830
1.20 0.3849 0.3869 0.3888 0.3907 0.3925  | 0.3944 0.3962 0.3980 0.3997 0.4015
1.30 0.4032 0.4049 0.4066 0.4082 0.4099  | 0.4115 0.4131 0.4147 0.4162 0.4177
1.40 0.4192 0.4207 0.4222 0.4236 0.4251  | 0.4265 0.4279 0.4292 0.4306 0.4319
1.50 0.4332 0.4345 0.4357 0.4370 0.4382  | 0.4394 0.4406 0.4418 0.4429 0.4441
1.60 0.4452 0.4463 0.4474 0.4484 0.4495  | 0.4505 0.4515 0.4525 0.4535 0.4545
1.70 0.4554 0.4564 0.4573 0.4582 0.4591  | 0.4599 0.4608 0.4616 0.4625 0.4633
1.80 0.4641 0.4649 0.4656 0.4664 0.4671  | 0.4678 0.4686 0.4693 0.4699 0.4706
1.90 0.4713 0.4719 0.4726 0.4732 0.4738  | 0.4744 0.4750 0.4756 0.4761 0.4767
2.00 0.4772 0.4778 0.4783 0.4788 0.4793  | 0.4798 0.4803 0.4808 0.4812 0.4817
2.10 0.4821 0.4826 0.4830 0.4834 0.4838  | 0.4842 0.4846 0.4850 0.4854 0.4857
2.20 0.4861 0.4864 0.4868 0.4871 0.4875  | 0.4878 0.4881 0.4884 0.4887 0.4890
2.30 0.4893 0.4896 0.4898 0.4901 0.4904  | 0.4906 0.4909 0.4911 0.4913 0.4916
2.40 0.4918 0.4920 0.4922 0.4925 0.4927  | 0.4929 0.4931 0.4932 0.4934 0.4936
2.50 0.4938 0.4940 0.4941 0.4943 0.4945  | 0.4946 0.4948 0.4949 0.4951 0.4952
2.60 0.4953 0.4955 0.4956 0.4957 0.4959  | 0.4960 0.4961 0.4962 0.4963 0.4964
2.70 0.4965 0.4966 0.4967 0.4968 0.4969  | 0.4970 0.4971 0.4972 0.4973 0.4974
2.80 0.4974 0.4975 0.4976 0.4977 0.4977  | 0.4978 0.4979 0.4979 0.4980 0.4981
2.90 0.4981 0.4982 0.4982 0.4983 0.4984  | 0.4984 0.4985 0.4985 0.4986 0.4986
3.00 0.4987 0.4987 0.4987 0.4988 0.4988  | 0.4989 0.4989 0.4989 0.4990 0.4990
3.10 0.4990 0.4991 0.4991 0.4991 0.4992  | 0.4992 0.4992 0.4992 0.4993 0.4993
3.20 0.4993 0.4993 0.4994 0.4994 0.4994  | 0.4994 0.4994 0.4995 0.4995 0.4995
3.30 0.4995 0.4995 0.4995 0.4996 0.4996  | 0.4996 0.4996 0.4996 0.4996 0.4997
3.40 0.4997 0.4997 0.4997 0.4997 0.4997  | 0.4997 0.4997 0.4997 0.4997 0.4998
3.50 0.4998 0.4998 0.4998 0.4998 0.4998  | 0.4998 0.4998 0.4998 0.4998 0.4998
```

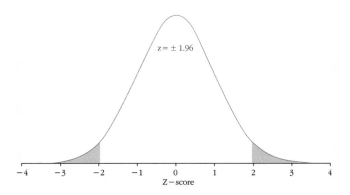

2. ttable

```
ttable
```

```
          Critical Values of Student's t
           .10      .05      .025      .01      .005     .0005    1-tail
   df      .20      .10      .050      .02      .010     .0010    2-tail
    1     3.078    6.314   12.706    31.821    63.657   636.619
    2     1.886    2.920    4.303     6.965     9.925    31.599
    3     1.638    2.353    3.182     4.541     5.841    12.924
    4     1.533    2.132    2.776     3.747     4.604     8.610
    5     1.476    2.015    2.571     3.365     4.032     6.869
    6     1.440    1.943    2.447     3.143     3.707     5.959
    7     1.415    1.895    2.365     2.998     3.499     5.408
    8     1.397    1.860    2.306     2.896     3.355     5.041
    9     1.383    1.833    2.262     2.821     3.250     4.781
   10     1.372    1.812    2.228     2.764     3.169     4.587
   11     1.363    1.796    2.201     2.718     3.106     4.437
   12     1.356    1.782    2.179     2.681     3.055     4.318
   13     1.350    1.771    2.160     2.650     3.012     4.221
   14     1.345    1.761    2.145     2.624     2.977     4.140
   15     1.341    1.753    2.131     2.602     2.947     4.073
   16     1.337    1.746    2.120     2.583     2.921     4.015
   17     1.333    1.740    2.110     2.567     2.898     3.965
   18     1.330    1.734    2.101     2.552     2.878     3.922
   19     1.328    1.729    2.093     2.539     2.861     3.883
   20     1.325    1.725    2.086     2.528     2.845     3.850
   21     1.323    1.721    2.080     2.518     2.831     3.819
   22     1.321    1.717    2.074     2.508     2.819     3.792
   23     1.319    1.714    2.069     2.500     2.807     3.768
   24     1.318    1.711    2.064     2.492     2.797     3.745
   25     1.316    1.708    2.060     2.485     2.787     3.725
   26     1.315    1.706    2.056     2.479     2.779     3.707
   27     1.314    1.703    2.052     2.473     2.771     3.690
   28     1.313    1.701    2.048     2.467     2.763     3.674
   29     1.311    1.699    2.045     2.462     2.756     3.659
   30     1.310    1.697    2.042     2.457     2.750     3.646
   35     1.306    1.690    2.030     2.438     2.724     3.591
   40     1.303    1.684    2.021     2.423     2.704     3.551
   45     1.301    1.679    2.014     2.412     2.690     3.520
   50     1.299    1.676    2.009     2.403     2.678     3.496
   55     1.297    1.673    2.004     2.396     2.668     3.476
   60     1.296    1.671    2.000     2.390     2.660     3.460
   65     1.295    1.669    1.997     2.385     2.654     3.447
   70     1.294    1.667    1.994     2.381     2.648     3.435
   75     1.293    1.665    1.992     2.377     2.643     3.425
   80     1.292    1.664    1.990     2.374     2.639     3.416
   85     1.292    1.663    1.988     2.371     2.635     3.409
   90     1.291    1.662    1.987     2.368     2.632     3.402
   95     1.291    1.661    1.985     2.366     2.629     3.396
  100     1.290    1.660    1.984     2.364     2.626     3.390
  120     1.289    1.658    1.980     2.358     2.617     3.373
  140     1.288    1.656    1.977     2.353     2.611     3.361
  160     1.287    1.654    1.975     2.350     2.607     3.352
  180     1.286    1.653    1.973     2.347     2.603     3.345
  200     1.286    1.653    1.972     2.345     2.601     3.340
```

3. tdemo 4 (df 4 기준)

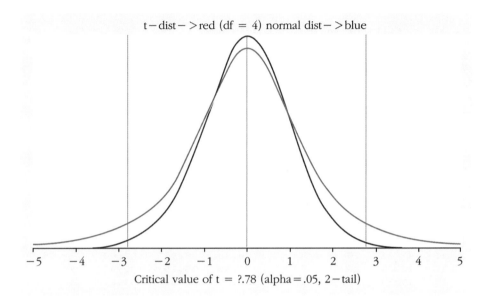

t−dist−>red (df = 4) normal dist−>blue

Critical value of t = ?.78 (alpha=.05, 2−tail)

4. chitable

. chitable

```
        Critical Values of Chi-square
 df     .50     .25     .10     .05    .025     .01    .001
  1    0.45    1.32    2.71    3.84    5.02    6.63   10.83
  2    1.39    2.77    4.61    5.99    7.38    9.21   13.82
  3    2.37    4.11    6.25    7.81    9.35   11.34   16.27
  4    3.36    5.39    7.78    9.49   11.14   13.28   18.47
  5    4.35    6.63    9.24   11.07   12.83   15.09   20.52
  6    5.35    7.84   10.64   12.59   14.45   16.81   22.46
  7    6.35    9.04   12.02   14.07   16.01   18.48   24.32
  8    7.34   10.22   13.36   15.51   17.53   20.09   26.12
  9    8.34   11.39   14.68   16.92   19.02   21.67   27.88
 10    9.34   12.55   15.99   18.31   20.48   23.21   29.59
 11   10.34   13.70   17.28   19.68   21.92   24.72   31.26
 12   11.34   14.85   18.55   21.03   23.34   26.22   32.91
 13   12.34   15.98   19.81   22.36   24.74   27.69   34.53
 14   13.34   17.12   21.06   23.68   26.12   29.14   36.12
 15   14.34   18.25   22.31   25.00   27.49   30.58   37.70
 16   15.34   19.37   23.54   26.30   28.85   32.00   39.25
 17   16.34   20.49   24.77   27.59   30.19   33.41   40.79
 18   17.34   21.60   25.99   28.87   31.53   34.81   42.31
 19   18.34   22.72   27.20   30.14   32.85   36.19   43.82
 20   19.34   23.83   28.41   31.41   34.17   37.57   45.31
 21   20.34   24.93   29.62   32.67   35.48   38.93   46.80
 22   21.34   26.04   30.81   33.92   36.78   40.29   48.27
 23   22.34   27.14   32.01   35.17   38.08   41.64   49.73
 24   23.34   28.24   33.20   36.42   39.36   42.98   51.18
 25   24.34   29.34   34.38   37.65   40.65   44.31   52.62
 26   25.34   30.43   35.56   38.89   41.92   45.64   54.05
 27   26.34   31.53   36.74   40.11   43.19   46.96   55.48
 28   27.34   32.62   37.92   41.34   44.46   48.28   56.89
 29   28.34   33.71   39.09   42.56   45.72   49.59   58.30
 30   29.34   34.80   40.26   43.77   46.98   50.89   59.70
 35   34.34   40.22   46.06   49.80   53.20   57.34   66.62
 40   39.34   45.62   51.81   55.76   59.34   63.69   73.40
 45   44.34   50.98   57.51   61.66   65.41   69.96   80.08
 50   49.33   56.33   63.17   67.50   71.42   76.15   86.66
 55   54.33   61.66   68.80   73.31   77.38   82.29   93.17
 60   59.33   66.98   74.40   79.08   83.30   88.38   99.61
 65   64.33   72.28   79.97   84.82   89.18   94.42  105.99
 70   69.33   77.58   85.53   90.53   95.02  100.43  112.32
 75   74.33   82.86   91.06   96.22  100.84  106.39  118.60
 80   79.33   88.13   96.58  101.88  106.63  112.33  124.84
 85   84.33   93.39  102.08  107.52  112.39  118.24  131.04
 90   89.33   98.65  107.57  113.15  118.14  124.12  137.21
 95   94.33  103.90  113.04  118.75  123.86  129.97  143.34
100   99.33  109.14  118.50  124.34  129.56  135.81  149.45
```

5. chidemo 8 (df 8기준)

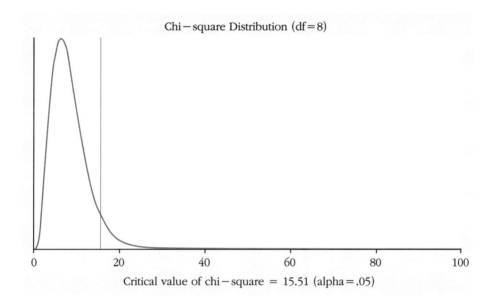

Chi-square Distribution (df=8)

Critical value of chi-square = 15.51 (alpha=.05)

6. ftable (alpha = 0.05기준)

```
. ftable
```

```
                    Critical values of F for alpha = .05
        1      2      3      4      5    |   6      7      8      9     10
  1 161.45 199.50 215.71 224.58 230.16  | 233.99 236.77 238.88 240.54 241.88
  2  18.51  19.00  19.16  19.25  19.30  |  19.33  19.35  19.37  19.38  19.40
  3  10.13   9.55   9.28   9.12   9.01  |   8.94   8.89   8.85   8.81   8.79
  4   7.71   6.94   6.59   6.39   6.26  |   6.16   6.09   6.04   6.00   5.96
  5   6.61   5.79   5.41   5.19   5.05  |   4.95   4.88   4.82   4.77   4.74
  6   5.99   5.14   4.76   4.53   4.39  |   4.28   4.21   4.15   4.10   4.06
  7   5.59   4.74   4.35   4.12   3.97  |   3.87   3.79   3.73   3.68   3.64
  8   5.32   4.46   4.07   3.84   3.69  |   3.58   3.50   3.44   3.39   3.35
  9   5.12   4.26   3.86   3.63   3.48  |   3.37   3.29   3.23   3.18   3.14
 10   4.96   4.10   3.71   3.48   3.33  |   3.22   3.14   3.07   3.02   2.98
 11   4.84   3.98   3.59   3.36   3.20  |   3.09   3.01   2.95   2.90   2.85
 12   4.75   3.89   3.49   3.26   3.11  |   3.00   2.91   2.85   2.80   2.75
 13   4.67   3.81   3.41   3.18   3.03  |   2.92   2.83   2.77   2.71   2.67
 14   4.60   3.74   3.34   3.11   2.96  |   2.85   2.76   2.70   2.65   2.60
 15   4.54   3.68   3.29   3.06   2.90  |   2.79   2.71   2.64   2.59   2.54
 16   4.49   3.63   3.24   3.01   2.85  |   2.74   2.66   2.59   2.54   2.49
 17   4.45   3.59   3.20   2.96   2.81  |   2.70   2.61   2.55   2.49   2.45
 18   4.41   3.55   3.16   2.93   2.77  |   2.66   2.58   2.51   2.46   2.41
 19   4.38   3.52   3.13   2.90   2.74  |   2.63   2.54   2.48   2.42   2.38
 20   4.35   3.49   3.10   2.87   2.71  |   2.60   2.51   2.45   2.39   2.35
 21   4.32   3.47   3.07   2.84   2.68  |   2.57   2.49   2.42   2.37   2.32
 22   4.30   3.44   3.05   2.82   2.66  |   2.55   2.46   2.40   2.34   2.30
 23   4.28   3.42   3.03   2.80   2.64  |   2.53   2.44   2.37   2.32   2.27
 24   4.26   3.40   3.01   2.78   2.62  |   2.51   2.42   2.36   2.30   2.25
 25   4.24   3.39   2.99   2.76   2.60  |   2.49   2.40   2.34   2.28   2.24
 30   4.17   3.32   2.92   2.69   2.53  |   2.42   2.33   2.27   2.21   2.16
 35   4.12   3.27   2.87   2.64   2.49  |   2.37   2.29   2.22   2.16   2.11
 40   4.08   3.23   2.84   2.61   2.45  |   2.34   2.25   2.18   2.12   2.08
 45   4.06   3.20   2.81   2.58   2.42  |   2.31   2.22   2.15   2.10   2.05
 50   4.03   3.18   2.79   2.56   2.40  |   2.29   2.20   2.13   2.07   2.03
 55   4.02   3.16   2.77   2.54   2.38  |   2.27   2.18   2.11   2.06   2.01
 60   4.00   3.15   2.76   2.53   2.37  |   2.25   2.17   2.10   2.04   1.99
 65   3.99   3.14   2.75   2.51   2.36  |   2.24   2.15   2.08   2.03   1.98
 70   3.98   3.13   2.74   2.50   2.35  |   2.23   2.14   2.07   2.02   1.97
 75   3.97   3.12   2.73   2.49   2.34  |   2.22   2.13   2.06   2.01   1.96
 80   3.96   3.11   2.72   2.49   2.33  |   2.21   2.13   2.06   2.00   1.95
 85   3.95   3.10   2.71   2.48   2.32  |   2.21   2.12   2.05   1.99   1.94
 90   3.95   3.10   2.71   2.47   2.32  |   2.20   2.11   2.04   1.99   1.94
 95   3.94   3.09   2.70   2.47   2.31  |   2.20   2.11   2.04   1.98   1.93
100   3.94   3.09   2.70   2.46   2.31  |   2.19   2.10   2.03   1.97   1.93
125   3.92   3.07   2.68   2.44   2.29  |   2.17   2.08   2.01   1.96   1.91
150   3.90   3.06   2.66   2.43   2.27  |   2.16   2.07   2.00   1.94   1.89
175   3.90   3.05   2.66   2.42   2.27  |   2.15   2.06   1.99   1.93   1.89
200   3.89   3.04   2.65   2.42   2.26  |   2.14   2.06   1.98   1.93   1.88
225   3.88   3.04   2.64   2.41   2.25  |   2.14   2.05   1.98   1.92   1.87
250   3.88   3.03   2.64   2.41   2.25  |   2.13   2.05   1.98   1.92   1.87
275   3.88   3.03   2.64   2.40   2.25  |   2.13   2.04   1.97   1.91   1.87
300   3.87   3.03   2.63   2.40   2.24  |   2.13   2.04   1.97   1.91   1.86
400   3.86   3.02   2.63   2.39   2.24  |   2.12   2.03   1.96   1.90   1.85
500   3.86   3.01   2.62   2.39   2.23  |   2.12   2.03   1.96   1.90   1.85
600   3.86   3.01   2.62   2.39   2.23  |   2.11   2.02   1.95   1.90   1.85
700   3.85   3.01   2.62   2.38   2.23  |   2.11   2.02   1.95   1.89   1.84
```

7. fdemo 4 32 (df1 (분자) 4, df2 (분모) 32 기준)

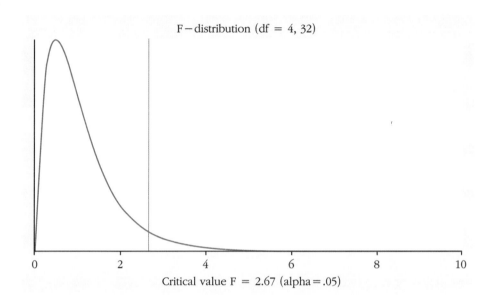

F-distribution (df = 4, 32)

Critical value F = 2.67 (alpha = .05)

ref. ftable 명령어를 입력하면 alpha의 default 값이 0.05로 지정된다.
만약에 alpha 값을 0.01로 지정하려면 아래와 같은 명령어를 입력하면 된다.

. ftable, alpha(.1)

명령어 색인

Ⓐ

alpha   115
anova   201, 211

Ⓑ

Bonferroni   205, 212
by 접두어   32

Ⓒ

chi2   178
ci   196
cii   196, 197
codebook   29, 87
cut(   )   71

Ⓓ

de   84
decode   65
describe   27, 86
destring   62
do-파일   104, 117
drop   66
Dunn-Sidak   212

Ⓔ

encode   65
export   59

Ⓕ

findit   25, 41
Fisher's LDS   212
frame   217

Ⓖ

gen   41, 44, 136
gladder   89
group(   )   70

Ⓗ

Help   37
hettest   155
histogram   88

Ⓘ

import   54
imtest: white   156
insheet   52

Ⓚ

keep   66
ktau   97

Ⓜ

merge   46
MLR(multiple linear regression)   131

O

or　147
or 옵션　148
order　71
outsheet　53

P

pcorr　93, 95
Pooled OLS　133
preserve　66
pwcorr　93

R

recode　67
reg　123, 128, 134
rename　45, 66, 71
repeated ANOVA　208
repeated measure ANOVA　207
replace　69
reshape　60
restore　66
rreg　134

S

save　69
Scheffe　205, 212

search　41
separate　48
Sidak　205
SLR(simple linear regression)　126
sort　31
spearman　96
Stata－Transfer　51
submit　183
sum　81, 84
summarize/sum/su　84
summarize; sum; su　81
Symbols　225

T

tab　41, 177
tab2　177
tabstat　82
tabulate　41
tostring　63
ttest　192
Turkey　212
Turkey－Kramer　212
two－way ANOVA　209
twoway　129

X

xi　41, 43, 144

사항 색인

ㄱ

결정계수　126
고급그래프　105
공변량(covariates)　167
과도식별(overidentification)　173
교차표분석　178
그래프　97
그래프 에디터　109
극단치　134
기술통계　81

ㄴ

내생성　157
내생성 검정　172
내생성의 근원　160
누락변수　161

ㄷ

다원분산분석　202, 209
다중공선성　153
다중선형회귀분석　131
다중회귀분석　124
단순선형회귀분석　124
단순회귀분석　124
대응표본 t-검정　189, 193
대표본　202
더미변수　41, 43, 144
데이터 브라우저　34

데이터편집기　34
도구변수 추정　166
독립변수　126
Do-파일편집기　35
do-file 자동완성　217
등간변수　91

ㄹ

로그변환　135
로그오즈(log odds)　148
로지스틱 회귀분석　145
로지스틱회귀분석　146
logit　147, 149
long type　61, 204
Review창　21
Results창　21

ㅁ

명목변수　91
모집단　11, 12
모평균　189

ㅂ

Variables창　21
분산동일성 검정　207
분산분석　201
분산분석(ANOVA)　202
분포표　226

불연속변수 179
Breusch‐Pagan/Cook‐weisberg 검정
 157
VIF 153
비선형 그래프 141
비선형회귀분석 135
비율변수 91

(ㅅ)

사후검정(post‐hoc test) 212
사후검정(다중비교) 212
상관계수 92
상관관계 165
상관관계분석 91
상호작용변수 211
서열변수 91
선형성 126, 131
소표본 202
쉼표 40
스피어만 서열상관분석 91
스피어만(spearman)과 켄달(kendall's
 tau) 상관계수분석 96
시계열자료 13
신뢰계수 115
신뢰도 분석 115

(ㅇ)

F-분포 203
x^2분포 177
역 인과관계 162
예제데이터파일 활용법 73
오즈비(odds ratio) 148
오차항의 동분산 127, 132
옵션 40

wide type 60
완전한 공선성 132
왜도 84
의도적 추출법 16
이분산 127
이분산성 154, 157
이분산성에 대한 가설검정 154
2SLS 167
if 한정어 38
이항분포 145
인과관계 165, 166
in 한정어 38
일원분산분석 202, 204
일표본 t‐검정 189
임의 표본추출 15
임의추출 127, 132

(ㅈ)

자기선택 163
자연로그 134
조건부 0 평균 127, 132
종단면자료 14
종속변수 126
주석 40
중앙값 86
지도그리기 219
집락추출법 15

(ㅊ)

첨도 85
체계적 추출법 16
최소자승(제곱)법 124
최우수선형불편추정량(Best Liner
 Unbiased Estimator: BLUE) 126

측정오차   163
층화추출법   15

ㅋ

카이제곱검정   177, 181
Command창   21
크론바하 알파(cronbach alpha)   115
큰 따옴표   39

ㅌ

탄력성   134
통합 횡단면 자료   14
T-검정   190, 191

ㅍ

패널 자료   14
패널 자료 또는 종단면 자료   14

편상관분석   91
평균   12
평균값   86
표본집단   12
표준편차   12, 86
표준화   134
Fisher's exact test   181
피어슨 카이제곱   180

ㅎ

Hausman 검정   173
한계효과   137
혼합추출법   16
회귀계수   92
회귀분석   121
회귀분석의 역사   121
횡단면 자료   11

저자

정 성 호

e－mail: jazzsh@daum.net

개정판 STATA 친해지기

2018년 7월 18일 초판 발행
2020년 8월 1일 개정판 발행

저 자 정　　　　성　　　　호

발행인 배　　　　효　　　　선

발행처 도서출판 法　文　社

주 소 10881 경기도 파주시 회동길 37-29
등 록 1957년 12월 12일/제2-76호(윤)
전 화 (031)955-6500~6 FAX (031)955-6525
E－mail (영업) bms@bobmunsa.co.kr
　　　　 (편집) edit66@bobmunsa.co.kr
홈페이지 http://www.bobmunsa.co.kr
조 판 법 문 사 전 산 실

정가 21,000원　　　ISBN 978-89-18-91122-9